제3판

동물과 인간생활

Human Life and Animals

제3판

동물과 인간생활

Human Life and Animals

인쇄 2021년 2월 22일
발행 2021년 2월 26일

저자 강만종·김민석·김성학·김태환·선상수
오세종·윤진현·이지웅·전태일·진구복

발행인 정성택
발행처 전남대학교출판문화원

등록 1981. 5. 21. 제53호
주소 61186 광주광역시 북구 용봉로 77
전화 (062) 530-0571~2 **마케팅** 530-0573
팩스 (062) 530-0579
홈페이지 http://www.cnup.co.kr
이메일 cnup0571@hanmail.net

값 15,000원

ISBN 978-89-6849-806-0 (03490)

동물과 인간생활

제 3 판

강만종 · 김민석 · 김성학 · 김태환 · 선상수
오세종 · 윤진현 · 이지웅 · 전태일 · 진구복 공저

Human Life and Animals

전남대학교출판문화원

머리말

동물과 인간생활은 인간과 동물이 함께 공존하는 미래지향적 사회를 대비하여 동물산업에 대한 이해도를 증진할 수 있도록 대학의 교양교과목 교재로 활용하려고 발간하였습니다. 1999년에 초판을 발간하였고, 2003년 개정판을 발간하였으며, 2011년 재개정판을 발간하면서 동물산업의 급격한 변화를 교재에 반영하도록 노력하였습니다. 그로부터 10년이 지난 2021년에 인간과 동물이 함께하는 세상의 변화를 담아 『동물과 인간생활 3판』을 발간하게 되었습니다.

인간이 살아가는 환경은 지구 온난화에 따른 환경적 변화가 급격하게 일어나고 있고, 동물은 전염성 질병 발생이 빈번하게 발생하고 있고, 의료기술의 발전으로 인간은 초고령 사회에 진입함과 동시에 핵가족화에서 1인 가구의 비율 증가로 새로운 사회구조가 형성되면서 반려동물을 키우는 사람들이 많아지면서 반려동물 시장이 성장하고 있습니다.

동물산업은 크게 반려동물과 산업동물로 구분할 수 있으며, 이에 따른 두 가지의 다른 산업이 성장하면서 반려동물과 산업동물이 각각 인간에게 제공하는 유익함도 있지만, 인간이 동물에 대한 배려차원의 접근도 필요한 시점이 도래하였습니다.

본 교재는 인간이 동물과 함께하는 레저 스포츠에 대한 소개, 동물이 이용한 생명공학적 접근, 동물성 식품분야의 육가공 및 유가공, 산업동물 및 반려동물의 현실과 복지 문제를 다루고 있습니다.

이 교재가 대학생들에게 동물산업에 대한 이해도를 높이고 동물산업을 바라보는 시각을 넓히는 데 보탬이 되길 바랍니다. 『동물과 인간생활 3판』을 발간하는 데 지원을 해주신 전남대학교와 출간 마지막까지 도움을 주신 전남대학교출판문화원 관계자분들께 감사드립니다.

2021년 2월 26일

저자 일동

목차

제1편

동물과 인간의 레저스포츠 생활

제1장

레저스포츠(Leisure sports)와 동물

1. 승마

1.1 승마의 정의

승마(乘馬, horse riding)는 생명이 있는 동물인 말과 사람이 일체가 되어야 하는 즉, 승마자의 의사를 말에게 전달하여 이루어지는 것으로 나이, 성별, 체력에 구애받지 않고 할 수 있는 전신운동이기 때문에 예로부터 신체단련과 호연지기를 기르는 생활 스포츠로 발전해 왔다. 따라서 승마를 통하여 육체적으로 신체 각 부분의 평형감각과 유연성을 길러줄 뿐만 아니라, 정신적으로는 대담성과 동물 애호정신을 갖게 하며, 특히 운동 부족으로 발생하기 쉬운 각종 성인병 예방과 각종 사고로 발생하는 신체장애인들을 위한 재활치료 효과도 높다.

1.2 승마의 기원

스포츠로서 승마의 기원은 기원전 648년 고대 올림픽에서 사람이 직접 말을 타고 훈련을 한 이후 유럽에서는 승마가 꾸준히 발전해 왔다. 1921년 국제 승마 연맹(IEF: International Equestrian Federation)이 프랑스 파리에서 창립되었으며, 근대 승마발전의 계기가 되었다. 한국은 1945년에 대한승마협회(KEF: Korean Equestrian Federation)를 창설하고 1952년에 국제승마연맹에 가입하였다.

1.3 승마의 역사

가. 세계의 승마 역사

승마는 문명발생지에서 발달한 것으로 알려졌으며 유럽에서 그리스 사람들이 처음으로 승마를 시작한 것으로 기록되어 있다. 즉 기원전 680년 제25회 고대 올림픽에 말 네 마리가 마차를 끄는 경주가 처음으로 등장하였다. 그 후 유럽 여러 나라에서 승마가 발전하였으며, 19세기 중엽 프랑스인 보세에 의하여 근대마술의 기초가 확립되었으며, 1921년 국제마술연맹이 파리에서 창립되었고, 제2회 파리 올림픽에서 올림픽 정식종목으로 채택되었다.

나. 한국의 승마 역사

우리나라의 승마 역사는 고조선 시대부터 말을 이용하였다는 기록이 있으며, 본격적으로 말을 이용한 것은 삼국시대부터이다. 당시에 말은 운송, 통신, 수렵, 농경, 예물, 교역, 군사용으로 사용되었다. 우리나라에서도 승마술이 군사적으로 크게 발전하여 과거시험 무과 24과목 중 6과목이 승마술 종목이었다. 당시 승마술은 말 위에서 칼과 창 같은 무기를 사용하는 기술로써 우리나라 선조들의 승마기술은 대단히 높아 일본 마술사에 의하면, 조선 인조 12년(1634년) 이후부터 1764년까지 일본에 초청되어 그 기술을 선보였다고 한다. 이러한 기록을 보면, 우리나라는 18세기 중반까지는 승마술의 선진국이었지만 그 후 말의 수요가 감소하며 말 생산이 급격히 감소하였고, 1814년에는 전국 말 사육 두수가 8,000여 두에 지나지 않을 정도로 쇠퇴하였다.

1.4 승마의 구분

승마는 크게 레저승마, 경기승마, 치료승마로 구분할 수 있다.

가. 레저승마

보통 사람들이 승마를 배우고 즐기는 것으로 승마장에 가서 말을 탈 뿐만 아니라, 말에 먹을 것과 텐트 등을 싣고 가족들과 함께 며칠 동안 산과 들을 누비는 트레킹(trekking) 등이 있다.

나. 경기승마

마장 마술(Dressage), 장애물 비월(Jumping) 그리고 종합 마술(Three-day event)로 나뉜다.

- **마장 마술(Dressage)** : 정해진 복장을 하고 정해진 규정대로 말과 승마자의 능력을 시험하는 규정종목과 자유롭게 마술실력을 과시하는 자유종목이 있다.
- **장애물 비월(Jumping)** : 인위적으로 만들어 놓은 장애물을 떨어뜨리지 않고 모두 넘을 수 있는 능력을 측정하는 것으로 동점자가 발생했을 경우 동점자들끼리 재경기를 하여 우승자를 가린다.
- **종합 마술(Three-day event)** : 3일에 걸쳐 진행되는 경기로 경기 첫째 날은 마장마술 경기, 둘째 날은 약 32Km 구간 내에 놓인 30~40개의 장애물을 주어진 시간 내에 감점 없이 주파하는 지구력 심사를, 셋째 날은 장애물 경기를 한다.

다. 치료승마

1) 정의

치료승마(Hippotherapy)는 말을 이용하여 인간의 정신적 질병 (예: 자폐증 어린이 등), 장애 (예: 척추 디스크 등) 등을 치료하는 행위를 말하며, 장애인 재활승마(Therapeutic riding)는 신체적·정신적 결함을 가지고 정상적인 활동을 하는 데 불편을 가진 사람을 위한 특수 승마의 일종으로 개념상의 차이점이 있다.

2) 치료승마의 역사

근대 치료승마는 북유럽의 스칸디나비아 반도에 위치한 노르웨이에서부터 시작되었다. 물리치료사인 Elaebet Bodtker가 소아마비 환자를 자신이 소유하고 있던 조랑말(pony)에 태우며 치료함으로써 치료승마가 본격화되었다. 그 후 1953년 그녀는 "포니마장(pony stable)" 이라는 치료 승마장을 운영하면서 1964년에는 정부로부터 법적인 인가와 지원을 받기 시작하면서 현대적인 장애인 승마단체로 성장하였다. 치료승마는 1960년대에 독일, 프랑스, 영국 등의 유럽국가들로 확대되면서 치료승마의 이론을 바탕으로 한 치료방법 등이 급속도로 발전하였다. 또한 1970년대에 들어서 미국과 캐나다에서도 치료승마에 관심을 두면서 치료승마의 전성기를 맞이하여 현재는 세계재활승마연맹(Professional Association of Therapeutic Horsemanship International: PATH Intl.)이 창립되어 말 매개 활동 및 치료와 관련하여 재활승마지도 관련 국제적 협력을 도모하고 있다.

3) 치료승마의 기대효과

(가) 정신적인 측면

- 오랜 투병 및 약물요법으로 지친 환자에게 새로운 의욕을 환기시켜 준다.
- 자기 자신에 대한 자신감을 가질 수 있다.
- 용기와 자신감으로 우울감으로부터 벗어날 수 있다.
- 동물(말)과의 인연으로 인한 자기의 의무 및 권리의식을 배양할 수 있다.

(나) 교육 및 사회적 측면

- 말에 대한 책임 의식을 가질 수 있다.
- 말을 매체로한 다른 사회층과 폭넓은 접촉으로 사회적응 능력이 향상될 수 있다
- 취미 영역의 확대를 기대할 수 있다.
- 말(동물)의 진실성, 순수성의 발견으로 정서적 감성적 능력을 함양할 수 있다.

(다) 신체적인 측면

- 근육, 건 및 인대 등 강건성 및 장애자의 유연성을 증대시킨다.
- 자세교정의 효과가 있다.
- 경련 및 경직된 근육의 이완의 효과를 얻을 수 있다.
- 심폐기능의 촉진
- 혈액순환기능 저하로 인한 질병의 치료 및 예방의 효과가 있다.
- 균형 감각, 신체 각부의 조화를 이룰 수 있다.
- 약물복용의 제한 등으로 2차적인 손상을 줄일 수 있다.

1.5 말의 습성

가. 공포성

말은 겁이 많고 쉽게 놀라며 주위 상황이 변하면 공포감을 느껴 달아나려는 습성을 가진다.

나. 군집성

말은 무리를 찾아 생활하려는 욕구가 강한 동물이다.

다. 귀소성

멀리 떨어진 위치에서도 자기의 집을 잘 찾아오는 귀소본능이 강하다.

라. 사회성

말들 상호간에 통하는 정보전달체계로 주위의 작은 소리나 움직임에도 콧소리, 발구름 등 반응을 보인다.

마. 정조성

일부다처제이지만 봄철 번식기에 암말이 수말을 선택하는 경우가 있다.

바. 모방성

다른 말들로부터 좋고 나쁜 행동을 쉽게 배워 실행에 옮기는 모방성이 강하다.

사. 경계성

청각이 매우 뛰어나기 때문에 자신이 모르는 것에 대하여 경계심이 강하고 귀를 쫑긋거리며 피부를 떠는데 이때는 바로 접근치 말고 말로부터 떨어져 있는 것이 좋다.

아. 신뢰성

기억력이 뛰어나기 때문에 사람과 친해질 때까지 그 사람의 행동을 주시한다. 따라서 말과의 신뢰 관계를 깊게 유지하는 것이 좋다.

자. 청결성

말은 추위에 강하나 더위나 습기에는 약하며 깨끗한 것을 좋아한다. 따라서 털을 자주 빗겨주고 몸을 자주 씻겨주는 것이 좋다.

1.6 마구의 종류

가. 안장

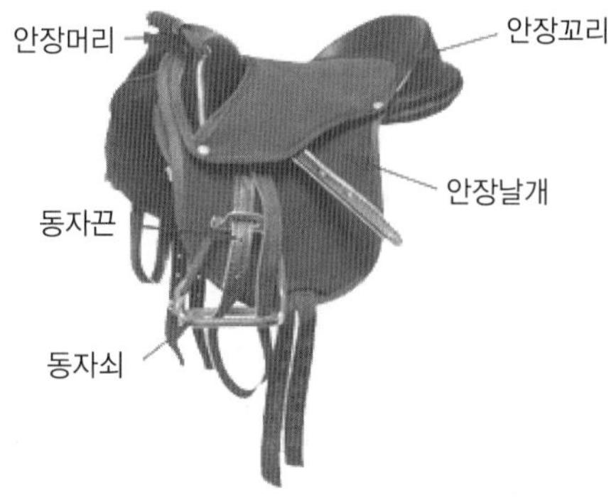

나. 등자

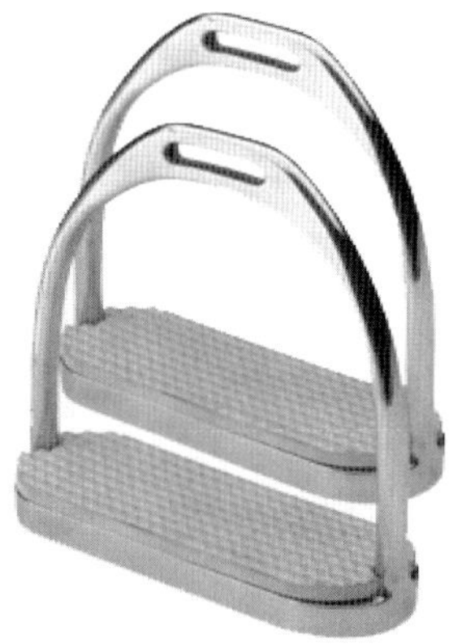

다. 복대

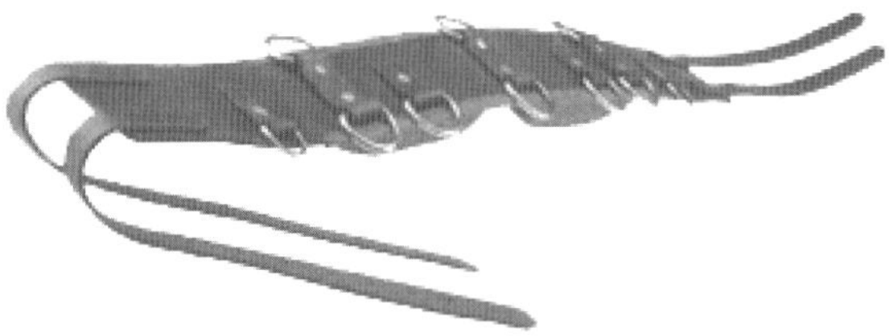

라. 굴레

마. 재갈

1.7 말과 함께 할 때 지켜야 할 일반사항

가. 말에게 친근감을 느끼도록 할 것

나. 말에게 접근 시 앞에서 천천히 접근할 것

다. 말에게 항상 부드럽게 말을 하며 마방에서 절대 야단치지 말 것

라. 말에 오를 때는 사뿐하게 오르며, 끌 때는 잡아당기지 말고 말을 따라가듯 할 것

마. 콧등의 접근을 싫어하므로 목덜미 부분을 애무할 것

바. 발굽이 마르면 상처받기 쉬우므로 항상 기름을 발라줄 것

사. 안장을 난폭하게 얹지 말고, 승마 종료 후에는 평보, 끌기, 손질 등 마무리 운동을 시키고, 박차나 채찍을 함부로 사용하지 말 것

1.8 마구 장착 순서

가. 워워 라는 소리를 내며 망설이지 말고 말에게 접근한다.

나. 접촉순서는 얼굴, 목, 어깨, 등, 다리의 순서로 접촉해 간다.

다. 굴레 장착 순서

1) 머리 움직임을 멈추게 한다.

2) 목덜미 끈과 코 끈을 얼굴에 씌운다.

3) 목덜미 끈을 귀 뒤로 넘긴다.

4) 목끈을 조절한다.

라. 안장 장착 순서

1) 안장의 중심선을 말 등뼈에 맞도록 놓는다.

2) 어깨뼈(견갑) 위에 먼저 안장을 놓고 등의 움푹 들어간 곳으로 안장을 이동시켜 맞도록 놓는다.

3) 복대를 우측으로부터 복부 밑으로 돌려 좌측으로 돌려 묶는다.

1.9 말을 타고 내리는 방법

말의 키는 보통 140~150cm 정도로 멀리서 볼 때와는 달리 가까이에서 보면 의외로 높아 타고 내릴 때 망설여진다. 그러나 승마의 기초는 말을 타고 내리는 것이라 해도 과언이 아닐 정도로 타고 내리는 기술 습득이 승마에서 중요하다.

가. 말에 오르는 방법

- 1단계(고삐 잡기) : 양쪽 고삐를 갈기와 함께 쥐는데 양쪽 고삐를 같은 길이로 잡는 것이 기본이다.
- 2단계(왼발 등자쇠 끼우기) : 오른손으로 등자쇠를 돌려 왼발에 끼운다.
- 3단계(오른발 구르기) : 오른손으로 안장 꼬리를 잡고 오른발을 힘차게 구른다.
- 4단계(안장 위로 오르기) : 발을 구른 반동으로 안장 위로 뛰어오른다.
- 5단계(오른발 등자쇠 끼우기) : 안장 위에서 균형을 잡은 다음 오른발을 등자쇠에 끼운다.

나. 말에 내리는 방법

말에서 내릴 때는 두 발을 등자에서 뺀 다음 말에 오를 때와 반대로 내린다. 말에서 내릴 때 주의할 점은 다음과 같다.

- 첫째 : 등자에서 반드시 두 발을 빼고 내릴 것
- 둘째 : 한 번에 그리고 신속하게 내릴 것
- 셋째 : 내릴 때 말에 오를 때와 반대로 내릴 것

1.10 올바른 기좌와 부조

기좌란 승마자의 신체부위가 말에게 밀착되는 부위를 말하며, 기승자의 엉덩이, 허벅지, 무릎, 종아리, 발바닥이 안장에 밀착되도록 하여야 한다. 올바른 기좌는 기승자와 말의 중심을 일치시켜 주기 때문에 승마 시 매우 중요하다.

부조란 기승자와 말과의 전달매체로 승마 시 기승자와 말과의 신호전달로 이루어진다. 부조는 주부조와 부부조로 나누어지는데, 주부조는 기승자의 체중, 주먹, 기좌 등이 있고, 부부조는 음성, 박차, 채찍 등이 있다. 승마 시 부조가 동시다발적으로 말에게 전달됨으로써 말은 기승자가 의도한 대로 바른 동작을 하게 된다.

1.11 말의 보행동작

가. 평보

1) 분당 110m 거리를 4박자 리듬으로 보행하는 것으로 2개 이상의 다리가 지면에 붙어 있다. 평보의 종류는 보통평보, 수축평보, 중간평보, 신장평보, 자유평보 등 5가지 걸음걸이가 있다.
2) 걸음걸이 모양은 오른쪽 뒷다리, 앞다리 왼쪽 뒷다리와 앞다리의 순서로 걷는다.

나. 속보

1) 분당 200m 거리를 2박자 리듬으로 보행하는 것으로 속보의 종류는 보통, 수축, 중간, 신장속보 등 4가지 종류가 있다.
2) 걸음걸이는 대각의 두 다리가 짝이 되어 상하로 규칙적인 흔들림이 생긴다. 가장 오래 달릴 수 있는 걸음걸이이다.

다. 구보

1) 분당 320m 거리를 3박자 리듬으로 보행하는 것으로 평보보다 약 3배 정도 빨리 도약하며 달리는 걸음걸이이다.
2) 구보의 종류는 보통, 수축, 중간, 신장구보, 답보변환 등 5가지 종류가 있다.

1.12 승마의 기초

가. 승마자세의 기본

1) 승마 시 긴장을 풀도록 한다.
2) 승마 시 항상 말의 중심 한가운데 앉도록 한다.
3) 다리는 말에 자연스럽게 밀착시킨다.
4) 종아리는 복대 뒤에서 말의 배와 접촉하듯이 닿게 한다.
5) 고삐를 부드럽게 쥔다.

나. 승마요령

1) 평보로 연습한다.

- 처음에는 몸을 약간 숙인 자세로 앉아서 말의 움직임에 따른다.
- 안정된 기좌를 유지하면서 말의 허리 움직임에 맞춰 따라간다.

2) 기수는 자신의 중심을 낮춘다.

- 허리를 앞으로 내밀 듯이 하며 허리와 등을 곧바르게 편다.

- 말이 전진하는 방향으로 기수 자신의 중심을 낮춘다.

3) 리듬이 어긋나면 말을 멈추고 처음부터 다시 시작한다.

다. 말 위에서 몸풀기 (마상체조)

1) 마상체조는 승마에 익숙해지고 승마를 위한 근육, 관절 등을 부드럽게 해주며 말에 대한 불안감을 없애기 위하여 실시한다.

2) 방법

- 손을 천천히 비스듬히 뒤로 올린다: 등과 어깨의 유연성을 길러준다.
- 양손을 수평으로 벌려 허리로 상체의 균형을 잡는다: 척주와 허리의 유연성을 길러준다.
- 등과 허리를 펴고 상체를 숙인다: 상체의 균형을 잡고 허리를 부드럽게 해준다.
- 등과 허리를 들어 반대쪽 말 허리에 손을 놓는다: 몸의 균형감각을 익혀준다.
- 무릎을 구부려 발목을 천천히 올린다: 넓적다리 근육을 강화시킨다.
- 무릎을 한쪽씩 교대로 들어 올린다: 넓적다리 근육과 관절을 유연하게 해주며 승마자의 균형감각을 향상시켜 준다.

1.13 승마 시 주의할 사항

가. 승마하기 전에 반드시 등자끈을 기수의 팔길이 만큼 조절할 것.

나. 안장에 앉은 후 등자의 길이를 조절하며 등좌쇠가 승마자의 복숭아뼈 부위에 오도록 할 것.

다. 복대는 안장날개를 들어 올리고 복대 조임끈을 조여 복대 두고리가 같도록 조일 것.

2. 말의 품종

말의 조상은 약 5천 8백만년 전 북미 록키산맥 일대에서 발견된 말의 조상 화석인 Eohippus(에오히푸스)라 할 수 있다. Eohippus는 체고가 30~50cm이고, 발가락이 4개인 작은 동물이었으나 차츰 진화되어 Mesohippus(메소히푸스), Merrychippus(메릭히푸스), Pilohippus(필로히푸스) 과정을 거쳐 현생마인 Equus로 발전되었다. 북미대륙으로부터 시베리아로 이주한 말들은 몽고 야생마인 Prezewalski란 종, 오늘날의 말, 북유럽의 중종마, 아시아와 아프리카 지역의 나귀, 얼룩말로 크게 구분할 수 있다.

2.1 유럽종

가. 아이슬란드 포니 종 (Iceland Pony)

- 원산지 : 아이슬란드
- 체　고 : 121~132cm
- 체　격 : 중격마
- 모　색 : 다모
- 기　질 : 온순, 자립심이 강함
- 용　도 : 승용마

나. 스웨디쉬 트롯터 종 (Swedish Trotter)

- 원산지 : 스웨덴
- 체　고 : 153~156cm
- 체　격 : 약간 평평함
- 모　색 : 다모, 흑다모, 녹모, 율모
- 기　질 : 온화, 민첩함
- 용　도 : 짐마차를 끄는 말, 농경마

다. 서러브레드 종 (Thorough bred)

- 원산지 : 영국
- 체 고 : 150~173cm
- 격 : 우아함
- 모 색 : 다모, 흑다모, 율모, 녹모
- 기 질 : 대담함
- 용 도 : 경주마

라. 셰틀랜드 포니 종 Shethland Pony)

- 원산지 : 스코틀랜드
- 체 고 : 90~103cm
- 체 격 : 소격마
- 모 색 : 녹모, 율모, 청모
- 기 질 : 활달, 순종하지 않음
- 용 도 : 승용마

마. 홀스타인 종 (Holstein)

- 원산지 : 서독
- 체 고 : 155~165cm
- 체 격 : 중격마
- 모 색 : 다모, 흑다모, 녹모, 율모
- 기 질 : 온화, 순종을 잘함
- 용 도 : 승용마

바. 프렌치 트롯터 종 (French Trotter)

- 원산지 : 프랑스
- 체　고 : 155～165cm
- 체　격 : 약간 마른 듯함
- 모　색 : 다모, 율모, 흑모
- 기　질 : 온화함
- 용　도 : 경주마

사. 리피챠 종 (Lipitsa)

- 원산지 : 유고슬라비아 리피챠
- 체　고 : 152～165cm
- 체　격 : 보통임
- 모　색 : 위모, 녹모, 다모
- 기　질 : 순종을 잘하며 지구력이 강함
- 용　도 : 농경마, 승용마

아. 안달루시안 종 Andalusian)

- 원산지 : 스페인 남부
- 체　고 : 155～160cm
- 체　격 : 중격마
- 모　색 : 다모, 녹모, 위모, 율모
- 기　질 : 온건하고 사역에 잘 견딤
- 용　도 : 승용마, 농경마

자. 벨지안 종 (Belgian)

- 원산지 : 벨기에
- 체　고 : 165~175cm
- 체　격 : 대형종
- 모　색 : 율모, 다모, 위모
- 기　질 : 순종, 온건함
- 용　도 : 농경마

차. 클라이스데일 종(Clydesdale)

- 원산지 : 스코틀랜드
- 체　고 : 164~170cm
- 체　격 : 중격마
- 모　색 : 다모, 흑다모, 청모
- 기　질 : 온화하며 친근감이 있음
- 용　도 : 중만마

2.2 아프리카 종

가. 바브 종(Barb)

- 원산지 : 북아프리카
- 체　고 : 142~152cm
- 체　격 : 날렵함
- 모　색 : 다모, 흑다모, 율모, 녹모, 위모
- 기　질 : 순종을 잘하며 대담함
- 용　도 : 승용마

2.3 아시아 종

가. 아랍 종(Arab)

- 원산지 : 아랍
- 체　고 : 145～155cm
- 체　격 : 날렵함
- 모　색 : 위모, 다모, 율모, 녹모
- 기　질 : 감각이 매우 예민함
- 용　도 : 승용마

나. 카스피안 포니 종(Caspian Pony)

- 원산지 : 이란
- 체　고 : 96～116cm
- 체　격 : 중격마
- 모　색 : 다모, 율모, 위모
- 기　질 : 온화하고 순종형임
- 용　도 : 승용마

다. 티모르 종 (Timor)

- 원산지 : 인도네시아 티모르 섬
- 체　고 : 92～110cm
- 체　격 : 중격마
- 모　색 : 다모, 녹색
- 기　질 : 순종을 잘하며 작업의욕이 왕성함
- 용　도 : 승용마, 농경 작업마

라. 몽골 야생마 (Mongolian Wild Horse)

- 원산지 : 몽골
- 체　고 : 123~143cm
- 체　격 : 중격마
- 모　색 : 율모(사지, 갈기, 꼬리털은 흑색, 다리에 얼룩말 무늬가 있음)
- 기　질 : 활발하고 용감함
- 용　도 : 야생상태로 서식

마. 제주마 (Cheju Pony)

- 원산지 : 제주도
- 체　고 : 115~125cm
- 체　격 : 소격마
- 모　색 : 다모, 율모, 위모, 녹모
- 기　질 : 온순하며 사람을 잘 따름
- 용　도 : 승용마

2.4 남·북아메리카 종

가. 아파루사 종(Appaloosa)

- 원산지 : 미국
- 체　고 : 145~155cm
- 체　격 : 중격마
- 모　색 : 반점무늬
- 기　질 : 온화하고 순종적임
- 용　도 : 승용마

나. 팔로미노 종(Palomino)

- 원산지 : 미국
- 체 고 : 145~162cm
- 체 격 : 중격마
- 모 색 : 황갈색, 앞머리털, 갈기, 꼬리털은 흰색
- 기 질 : 온화하고 순종적임
- 용 도 : 승용마

다. 크리올로 종(Criollo)

- 원산지 : 남아메리카
- 체 고 : 135~152cm
- 체 격 : 중격마
- 모 색 : 율모, 위모, 녹모, 다모
- 기 질 : 지구력이 좋고 작업의욕이 왕성함
- 용 도 : 승용마

2.5 대양주 종

가. 월러 종(Waler)

- 원산지 : 호주
- 체 고 : 147~163cm
- 체 격 : 중격마
- 모 색 : 다모, 흑다모, 위모, 녹모, 율모
- 기 질 : 용감하며 순종적임
- 용 도 : 승용마

3. 개썰매 경주

가. 개썰매 경주의 유래

개썰매의 유래는 미국 알래스카주에서 1908년 금을 캐는 광부들이 어떤 견종이 짐을 많이 운반하는지 내기 놀이로 시작되었다. 1925년 디프테리아(diphtheria)가 알래스카지역에 널리 퍼지면서 디프테리아 혈청을 싣고 앵커리지에서 놈이라는 곳까지 운반하는 비행기가 혹한기로 운항이 어려워 개썰매가 대신 운반하였다. 이때 여러 마리의 개가 희생되었고 오늘날 개썰매 대회는 희생된 개를 기념하여 이루어지고 있으며 인기 있는 스포츠로 자리 잡게 되었다.

나. 썰매견의 종류

북방견이 썰매견으로 이용되며 종류는 맬러뮤트(Alaskan Malamute), 시베리안 허스키(Siberian Husky), 에스키모 독(Eskimo Dog), 홋가이도 독(Hokkaido Dog) 등이 있다.

1) Alaskan Malamute

㉮ 원산지 : 미국 알래스카

㉯ 유래

알래스카 에스키모의 맬러뮤트족이 썰매를 끄는 데 이용했던 품종으로 시베리아 원산견이 조상견으로 추측되고 있다.

개썰매 유행으로 1910~1920년 사이에 다른 품종과의 교잡종 생산을 시도하였으나 1926년부터 순수혈통을 보존하면서 개량을 실시하였고 견종등록은 1935년에 처음으로 시작되었다.

㉰ 성질

사람을 잘 따르며, 집단행동에 익숙하다.

㉱ 크기

- 수컷 : 평균 체중 38kg, 평균 체고 63cm
- 암컷 : 평균 체중 34kg, 평균 체고 58cm

㉲ 외모

사지가 튼튼하고 털 길이는 3~5cm, 귀는 직립인 대형견으로 모색은 늑대색, 회색, 검은색, 흰색이다. 꼬리는 등쪽으로 말아져 있으며 길이는 발목까지 달한다.

눈은 아몬드형이고 턱이 넓으며 귀는 중간크기 삼각형 모양으로 직립이며, 귀 끝은 약간 둥글다.

2) Siberian Husky

㉮ 원산지 : 아시아 북동부

㉯ 유래

아시아 북동부의 츄쿠치족이 썰매를 끌 목적으로 사육했던 품종을 1900년 초 알래스카에 거주하고 있던 미국사람들에게 소개되었으며, Romsay 라는 사람이 알래스카로 수입 400마일 개썰매 경주에서 우승하였으며 디프테리아 병이 창궐하였을 때 시베리안 허스키로 구성된 썰매팀이 릴레이식 약품수송에 참여하여 유명해졌다.

㉰ 성질

선천적으로 사람에게 매우 우호적이며, 기질이 신사답고 경계심이 뛰어나며 인내심이 강하다.

㉱ 크기

- 수컷 : 체중 20kg~27kg, 체고 53cm~64cm
- 암컷 : 체중 16kg~23kg, 체고 51cm~56cm

㉲ 외모

몸체가 단단하고 귀는 직립이며 근육이 잘 발달되어 있다. 눈은 아몬드형이고 눈 양미간은 갈색이나 푸른색이다. 외모는 중간 정도의 길이로 모색은 검은색에서 흰색까지 다양하다.

제2장

애완동물의 종류와 품종

1. 개

개는 무리 지어 사냥하는 동물로 집개는 학명으로 Canis lupus familiaris라고 한다. 같은 개과에 속하는 동물로는 여우, 코요테, 늑대, 들개, 승냥이, 자칼 등이 있으며, 이들 모두 발가락으로 걷는 지행동물이다. 개의 진화에 대해서는 다양한 주장이 있으나, 다윈 등은 개 품종의 다양성으로 보아 야생 선조가 2가지 이상이라고 주장하였다. 즉 개과에 속하는 동물들이 각각 개별적으로 순치되었으며, 순치된 후손들끼리 교배가 이루어져서 다양한 유전인자가 뒤섞이고 유전적 돌연변이까지 겹쳐서 현재 개 품종의 다양성이 발생한 것으로 알려져 있다.

1.1 스포츠 견 (Sporting Dog)

가. 아메리칸 코커 스파니엘 (American Cocker Spaniel)

- 원산지 : 미국
- 역사와 용도 : 1620년 메이플라워호를 타고 청교도들이 미국으로 이주했을 때 청교도들과 함께 미국으로 이주, 개량되었으며 엽견으로 이용되었다. 오늘날에는 전시견, 가정견으로 인기가 있다.
- 성격 : 사람과 친화성이 좋으며, 성격이 쾌활하나 신경질적인 면도 있다.
- 외모 : 머리는 둥근 편이고 코는 짧다. 귀는 늘어져 있으며, 꼬리는 짧다.
- 모질과 모색 : 약간 곱슬한 긴 털을 갖고 있으며 부드럽다. 모색은 갈색이다.

나. 잉글리쉬 포인터 (English Pointer)

- 원산지 : 영국

- 역사와 용도 : 18세기 초에 스페인으로부터 이주, 개량한 품종으로 사냥견으로 우수하다.
- 성격 : 활발하고 사람에게 매우 우호적이다.
- 외모 : 귀는 아래로 늘어져 있으며, 체구가 단단하고 근육질이다.

다. 잉글리쉬 셋터 (English Setter)

- 원산지 : 영국
- 역사와 용도 : 스페인 셋터 스파니엘 종과 포인터 종을 교배, 작출한 품종으로 수렵실력이 우수하다.
- 성격 : 온화하며 훈련시키기가 용이하다.
- 외모 : 귀는 아래로 늘어져 있으며, 체구는 잘 균형잡혀 있다.
- 모질과 모색 : 털이 길고 매우 부드럽다. 모색은 흑색과 백색, 레몬색과 백색, 백색 단색 등 다양하다.

1.2 애완견

가. 시츄 (Shih Tzu)

- 원산지 : 중국
- 역사와 용도 : 티벳이 원산인 종을 중국에서 개량했다. 티벳에서는「신의 사자」라고 신성시하였다.

- 성격 : 외모가 사랑스럽고 성격이 발랄하며 산책하기를 좋아한다.
- 모질과 모색 : 속털은 양털과 같고, 겉털은 장모이며 밀생하여 부드럽다. 모색은 다양하다.

나. 요크셔테리어 (Yorkshire Terrier)

- 원산지 : 영국
- 역사와 용도 : 19세기 중엽 스코틀랜드에서 요크셔나 랑카셔 지방으로 이주하여 그곳 토종견과 교배하여 작출된 품종이다.
- 성격 : 활력이 넘치고 예민하다. 잘 짖고 장난을 좋아해 가정견으로 인기가 있다.
- 외모 : 머리는 작고 귀가 작으며 직립이다.
- 모질과 모색 : 비단 같은 광택, 모색은 검정색에 갈색이다.

다. 말티즈 (Maltese)

- 원산지 : 지중해 말타섬
- 역사와 용도 : 페니키아인들이 널리 사육한 개로 세계 최고의 애완견으로 평가받고 있다.
- 성격 : 훈련시키기가 쉽고 가족과의 외출을 좋아하는 사랑스러운 개다.
- 외모 : 귀는 늘어져 있으며 꼬리가 등으로 올려져 있다.
- 모질과 모색 : 비단 모양의 털이 발길이 보다 더 길게 자라고 모색은 순백색이다.

라. 퍼그 (Pug)

- 원산지 : 중국
- 역사와 용도 : 역사가 매우 오래된 품종으로 기원이 명확하지 않다.

- 성격 : 매사에 흥미를 나타내고 몸에 비해 움직임이 활발하다.
- 외모 : 주둥이가 짧고 이마와 미간에 깊은 주름이 있다.
- 모질과 모색 : 짧은 털이 밀생해 있으며 모색은 은색, 검은색 등이 있다.

바. 치와와 (Chihuahua)

- 원산지 : 맥시코
- 역사와 용도 : 세계에서 가장 소형견으로 소형의 단모인 Terrier종이 혼혈되어 작출된 품종이다.
- 성격 : 표정이 쾌활하고 움직임이 빠르다. 기민하고 용감하고 호기심이 강하다.
- 외모 : 눈이 크고 귀는 직립이다.
- 모질과 모색 : 털은 단모종과 장모종으로 구별되며 단모종이 흔하고 단모종은 추위에 약하다. 모색은 붉은색, 검은색, 담황색 등 다양하다.

1.3 한국 재래견

가. 진돗개

- 원산지 : 한국
- 역사와 용도 : 석기시대부터 길러졌던 개의 후손으로 한국에 토착화된 한국 고유의 품종이며, 1962년 천연기념물 제53호로 지정되었다.

- 성격 : 주인에 대한 충성심과 귀소성이 매우 강하며 대담하고 용맹스럽고 우수한 수렵견의 자질을 가지고 있다.
- 외모 : 머리는 역삼각형이나 팔각형이며, 귀는 작고 약간 앞으로 직립이다. 꼬리는 등위로 힘차게 말아 올려있다. 체고는 수컷이 45~58cm, 암컷은 43~53cm 정도이다.
- 모질과 모색 : 겉털은 직모이며 속털은 부드럽고 조밀하다. 모색은 황색, 백색, 적색, 흑색, 호색 등 다양하다.

나. 삽살개

- 원산지 : 한국
- 역사와 용도 : 우리나라 동남부 지역에 널리 서식하고 있는 토종견으로 통일신라 패망 이후 왕궁에서만 사육되었던 것이 민가에서 사육되기 시작했다. 1992년 천연기념물 제368호로 지정되었다.

- 성격 : 주인에 충성심이 강하고 타인에 대하여 경계심이 강하다.
- 외모 : 머리는 크고 얼굴에 긴 털이 나 있다. 귀는 아래로 처져 있으며 꼬리는 보통 위로 올라가 있다.
- 모질과 모색 : 모질은 직모와 파상모가 있고 모색은 흑색 바탕에 흰털이 고루 섞인 청색모와 황색모가 있다.

1.4 목양견 (Herding Dog)

가. 콜리 (Collie)

- 원산지 : 스코틀랜드
- 역사와 용도 : Collie는 장모 종과 단모 종이 있으며 1860년 빅토리아 여왕이 사육, 왕실에서 인기가 높았다. Collie 종은 가축을 모는 능력이 뛰어나 목양견으로 널리 이용되고 있다.
- 성격 : 훈련시키기가 쉽고 어린이에게 잘 따른다.
- 외모 : 귀 윗부분 1/3 정도가 늘어져 있고 눈은 갈색, 꼬리 길이는 보통이다.
- 모질과 모색 : 장모 종은 직모인 긴 털과 부드럽고 짧은 속털이 있고, 단모 종은 털의 길이가 짧고 약간 딱딱한 편이다. 모색은 머리와 등쪽은 흑색, 목과 앞발은 흰색, 얼굴과 뒷다리는 황색을 띠고 있다.

나. 오스트레일리안 캐틀 도그 (Australian Cattle Dog)

- 원산지 : 호주
- 역사와 용도 : Kelpie종, Collie 종, Dalmatian 종, Bull Terrier 종 등을 교배하여 만든 품종이다.
- 성격 : 활동적이며 민첩하다. 충성심이 강한지만 모르는 사람에 대해서는 공격적이다.
- 외모 : 굵은 목과 깊은 가슴, 직립인 귀, 낮은 꼬리가 낮게 위치하고 있다.
- 모질과 모색 : 보통 정도의 짧은 겉털과 부드러운 속털을 갖고 있으며 모색은 청색 반점에 흑색 무늬, 붉은 반점에 붉은 무늬이고, 태어난 강아지의 모색은 흰색이지만 성장하면서 고유의 모색을 나타낸다.

다. 독일 쉐퍼드 (German Shepherd Dog)

- 원산지 : 독일
- 역사와 용도 : 약 100년 전에 독일 토종을 기초로 개량되었다. 목양견, 군용 정

찰견, 경비견, 인명구조견 등 인간이 필요로 하는 다양한 임무를 수행할 수 있다.

- 성격 : 영역을 잘 지키며 복종심이 강하다. 사육하기 쉽고 훈련시키기가 쉽다.
- 외모 : 귀는 직립이고 목은 굵고 튼튼하며 몸은 근육질로 가슴은 깊다.
- 모질과 모색 : 중등 정도의 겉털과 속털로 구성되어 있다. 모색은 검정색과 갈색이다.

라. 코몬도르 (Komondor)

- 원산지 : 헝가리
- 역사와 용도 : 티벳지대에 살던 종으로 약 1,000년 전에 헝가리로 이주하였다. 더위나 극단적인 추위에 몸을 보호하기 위하여 지금의 긴 털로 발달한 것으로 추측된다. 목양견으로 양을 보호하는 역할을 하는 품종이다.
- 성격 : 충성심이 강하나, 훈련시키기가 어렵다. 타인에 대하여 위협적이다.
- 모색과 모질 : 속털은 곱슬기가 있고, 겉털은 성장하면서 나선상으로 감긴다.

1.5 사역견 (Working Dog)

가. 세인트 버나드 (Saint Bernard)

- 원산지 : 스위스
- 역사와 용도 : 이탈리아와 스위스 국경에 있는 세인트 버나드 사원에서 1,700년경부터 사육되었으며, 1814년에 「바리」라는 개가 40명의 생명을 구해 유명하게 되었다.
- 성격 : 자기 영역을 지키려는 의지가 강하며, 복종심이 부족하므로 강아지 때부터 철저한 훈련이 필요하며 가족의 어린이는 주의가 요망된다.
- 외모 : 머리와 몸이 크며 눈이 작다. 귀와 꼬리는 늘어져 있다.
- 모질과 모색 : 장모와 단모의 두 종류가 있으며, 모색은 흰색 바탕에 붉은색이 또는 붉은색 바탕에 흰색이다.

나. 복서 (Boxer)

- 원산지 : 독일
- 역사와 용도 : 약 100년 전에 형질이 고정되었으며 사냥, 투견용으로 인기가 있었으나 현재는 호위견, 공연견, 가정견으로 인기가 높다.
- 성격 : 방어심이 강하여 자기영역을 잘 지킨다. 사람과 친근해지기 쉽다.
- 모질과 모색 : 짧고 몸에 밀착된 털을 가지고 있다. 모색은 갈색이고 얼굴은 검정

색이며, 다리, 가슴, 얼굴에 흰 무늬가 있기도 하다. 귀와 꼬리 자르기를 실시하여 사육한다.

다. 도벨만 핀쉐르 (Doberman Pinscher)

- 원산지 : 독일
- 역사와 용도 : 약 1880년에 루이 도베르만이 Pinscher 종과 Rottweiler 종을 교배해 작출한 품종이다. 군용견, 경비견으로 널리 이용된다.
- 성격 : 영리하고 주의력이 강하며 훈련을 잘 받는다. 경계심이나 방어심이 강하고 사육주에 대한 복종심이 강한 견종이다.
- 모질과 모색 : 광택이 있는 단모 종이며, 모색은 흑색, 청색, 갈색, 붉은색 등이 있다.

라. 마스티프 (Mastiff)

- 원산지 : 영국
- 역사와 용도 : 로마제국에서 곰, 사자 등과 싸우게 했던 투견이며, Bull Mastiff 종과 Saint Bernard 종을 퇴교배하여 작출한 견종이다. 토사견, 복서, 대형품종 등을 작출하는데 공헌을 한 품종이다.
- 성격 : 방어 본능이 강하다.
- 모질과 모색 : 단모 종으로 모색은 갈색과 은갈색 등이 있다.

마. 로트바일러 (Rottweiler)

- 원산지 : 독일
- 역사와 용도 : 독일 Rottweiler 시에서 인내력이 강한 견종으로 작출한 품종이다. 경찰견으로 이용된다.
- 성격 : 훈련을 통하여 투쟁 본능을 키우고, 게임을 좋아한다.
- 모질과 모색 : 단모 종으로 거친 털이 밀생을 하며, 모색은 검정색과 갈색 등이 있다.

2. 고양이

가. 라 팜 (La Perm)

곱슬거리는 털이 매력적인 고양이 라 팜.

1982년에 라 팜은 그 부모나 5마리의 형제와 전혀 닮지 않은 모습으로 태어났다. 작은 몸에 커다란 귀, 게다가 털 한 올 나지 않은 벌거숭이였다. 생후 8주가 지난 다음부터 부드러운 털이 자라기 시작하더니 곧 독특한 곱슬모로 바뀌게 되었다. 체중은 3.5~5.5kg 정도 되며, 물결모양의 피모는 우유처럼 매끄럽고 잘 엉키지 않는 것이 특징이다. 손질이 쉬워 입욕과 타월 드라이만으로도 충분하다. 라 팜은 애정이 깊고, 주인에게 절대적인 신뢰를 가지는 순종적인 고양이다.

나. 러시안 블루 (Russian Blue)

Velvet처럼 아름다운 피모를 지닌 겨울의 요정 러시안 블루.

러시안 블루는 알 수 없는 신비로움을 풍기며, 왠지 더 차갑고 더 매혹적일 것 같은 고양이이다. 러시안 블루는 이름과는 다르게 1800년 영국에서 인위적으로 작출된 고양이다. 러시안 블루는 단모종의 고양이로 체형은 포린 타입(늘씬한 근육질 체형, 점점 가늘어지는 긴 꼬리와 근육이 적당히 붙은 다리, 몸통과 발끝은 원형에 가까운 체형), 체중은 3~5.5kg 정도 되는 아담한 품종이다. 밝은 그린 칼라의 눈과 블루 칼라의 털색이 묘하게 잘 어울리는 고양이다.

러시안 블루의 털은 두툼한 더블 코트로 짧고, 밀접하게 자라며, 융단과 같은 감촉을 지니고 있다. 머리는 이마가 편평하고, 옆에서 보면 뱀이 굽은 목을 치켜세운 것 럼 보여, 코브라 헤드라고도 불린다. 러시안 블루는 실버 블루의 매끄러운 피모와 선명한 그린의 눈동자를 지닌 신비한 고양이로, "겨울의 정령" "단모종의 귀족" 등 엘레강스한 별명이 붙여져 있다.

러시안 블루는 섬세한 외모와는 달리 건강한 체질이다. 그리고 "목소리 없는 고양이"로 불릴 만큼 조용한 고양이로 좀처럼 울지 않는다. 울더라도 매우 소리가 작아 거의 들리지 않을 정도이기에 고양이의 울음소리가 싫어서 고양이를 키우지 못하는 사람들에게 적당하다.

주인에게는 매우 다정하고 유순하지만, 낮을 심하게 가리고, 처음 보는 사람에게는 강한 경계심을 가지고 두려워하지만, 사냥감을 쫓을 때는 돌연, 공격적인 면을 보이기도 한다. 어미 고양이는 극진하게 새끼를 보살피고, 수컷 역시 상냥한 성격으로, 어미나 새끼를 함께 키우면 즐거운 고양이 가족을 만들 수 있다.

다. 망스 (Manx)

토끼처럼 깡총 깡총 뛰는 유쾌한 고양이 망스

망스는 뒷다리가 앞다리보다 길어서 깡충깡충 뛴다. 이 때문에 바니 캣으로도 불린다. 망스는 짧은 꼬리로도 유명한 고양이다. 망스는 완전히 꼬리가 없는 란피, 꼬리부분이 혹처럼 생긴 란피 라이자, 꼬리의 일부만 있는 스탄피, 거의 정상적인 꼬리를 지닌 론기 등 4가지 종류가 있다. 망스는 애정이 깊고 섬세한 고양이입니다. 따뜻한 관심과 사랑을 지속적으로 필요로 하는 고양이다.

망스의 기원은 불명확하나, 아일랜드 해협의 만(섬) 출신으로 알려져 있다. 단모종이며 전형적인 코비 타입(둥글둥글한 체형, 어깨나 허리 폭이 넓고 몸통과 다리가 짧고, 머리는 동그랗고 꼬리도 짧은 편, 동그란 발끝)의 체형을 가지고 있다.

몸무게는 약 3.5~5.5kg 정도로 작은 편입니다. 망스의 털은 부드럽고 두툼한 언더 코트와 빳빳하고 광택 있는 오버 코트의 더블 코트를 지니고 있다. 따라서 털 관리에 많은 신경을 써야 한다.

라. 메인 쿤 (Maine Coon)

야성적인 외모를 자랑하는 메인 쿤.

바이킹을 연상시키는 용모다. 메인 쿤은 중간 길이의 장모종으로 몸이 크고 길며 튼실하다. 체중이 4~10kg 정도 나가는 매우 큰 고양이다. 메인 쿤은 목이 약간 길고, 몸이 건장하며, 가슴이 두텁고 폭이 넓은 편이다.

V자형의 두부는 몸 크기에 비해 약간 작은 편으로 형태는 길이보다 폭이 있는 편이며, 단단히 죄 여진 턱을 지니고 있다. 계란형의 눈은 위로 치켜 올라가 있고, 눈 사이가 약간 떨어져 있으며, 온화한 성격과 야성미 넘치는 용모로 사랑받는 고양이다.

메인 쿤이 보이는 특이한 행동으로, 긴 꼬리를 앞발로 잡아 친친 둘러감고 털 손질을 하는 모습이다. 이런 바지런한 손질로, 여름이 되면 긴 털이 전부 빠져 거친 털이 눈에 띄지 않을 정도이다. 앞발이 다른 고양이에 비해 긴 편으로, 매우 요령 있게 사용한다.

발끝으로 먹이나, 작은 가지 등을 간단히 집어 올리는 묘기를 모여주기도 한다. 메인 쿤은 야성적인 외모와는 다르게, 마음씨가 좋고 사람을 잘 따르는 고양이다. 온화하고 상냥하며, 매우 조용한 성격이지만, 수컷은 장난치는 것을 좋아한다.

마. 발리니스 (Balinese)

날씬한 몸을 유연하게 흔들며 춤추는 발리의 댄서처럼 날렵하고 아름다운 몸매를 가진 발리니스

발리니스는 1950년 미국에서 돌연변이로 발생하였다. 장모종이고 중형의 오리엔탈 타입(우아하고 날씬하면서도 단단한 근육질형, 몸통, 다리, 꼬리까지 길쭉하고 조금은 야윈 모습, 얼굴은 완벽한 V라인이고, 큰 귀가 특징임)의 체형을 가지고 있으며, 체중은 약 2.5~5kg 정도 나가는 작은 고양이다.

블루칼라의 아름다운 눈동자와 쉘, 블루, 쵸콜릿, 라일락(후로스트)의 4 종류의 포인트를 가진 부드럽고 가는 피모는 오버 코트만 지니고 있다. 발리니스는 순수한 혈통의 샴에서 태어난 돌연변이다.

부드러운 피모를 흔들며 우아하게 움직이는 모습이 발리의 댄서를 연상시켜, 발리니스라는 이름이 붙여졌다. 샴처럼 활달하고 애정이 풍부하지만, 샴 보다 온화한 성격을 지니고 있다.

바. 버만 (Birman)

먼 옛날의 신비한 전설을 전해주는 성스러운 고양이 버만.

버만의 기원은 정확히 알 수 없으며, 1916년에 동남아시아에서 프랑스에 상륙한 것이 유럽에 전해진 최초의 버만으로 알려져 있다. 제2차 세계대전 중 멸종위기에 처했지만, 프랑스에 있는 한 쌍에 의해 간신히 종을 유지 할 수 있었다.

1960년대 영국에 전해져 1966년에 공인을 받았다. 버만은 성스러운 고양이답게 지적이고 온화한 성격을 가지고 있다. 조용하고 약간 낯을 가리지만, 환경에 잘 적응하는 건강한 체질이며 병에 대한 저항력이 강한 편이다.

미얀마에서 자연발생한 단모종이다. 체중은 약 4.5~8kg 정도이며 블루 칼라의 눈이 아름다운 고양이다. 쉘 포인트, 블루 포인트, 쵸콜릿 포인트, 라일락 포인트 등의 색상이 있으며, 피모는 길고 두터우며, 광택이 있다.

비단결 같은 감촉을 지니는 피모와 귀가 작고 끝 부분이 둥그스름하며, 콧날이 높고 눈은 크고 동그랗다. 또한 뼈대가 굵고 몸이 튼튼한 것이 버만의 특징이다.

사. 샴 (Siamese)

사파이어 블루의 눈동자를 지닌 샴고양이.

특별히 고양이를 좋아하지 않는 사람도 "샴"이라는 이름은 들어본 적이 있을 만큼 대중적인 인기를 지닌 고양이다. 101마리의 강아지에 나오는 악당의 고양이가 바로 샴고양이다.

1700년 태국에서 자연발생된 샴고양이는 오리엔탈 타입의 체형에 사파이어 블루의 아름다운 눈을 가지고 있다. 셀 포인트, 블루 포인트 쵸콜렛 포인트, 라일락 포인트 등 여러 가지 색상의 포인트가 있다. 피모는 매우 짧고 가는 편이다. 샴은 흰 바탕색과 포인트의 아름다운 대비가 특징이며, 둥글고 가는 몸체에, 긴 꼬리와 다리를 지니고 있는 귀족 같은 고양이다. 아름다운 자태는 물론, 왕성한 번식력과 생명력이 이 고양이를 유명하게 만들었다.

원래 샴이란 태국의 옛날 이름이다. 1884년 영국 총영사관인 골드씨가 왕국으로부터 한 쌍의 샴을 선물 받은 것이 세계에 그 이름이 알려지게 된 계기가 되었다. 같은 시기에 미국의 외교관에게도 샴이 선물 되었는데 이때에는 일부의 사람만이 아는 귀중한 존재였다. 1885년 이렇게 영국에 전해진 샴은 런던 크리스탈 팰래스에서 개최된 고양이 쇼에 처음 참가하였다. 이 후 번식이 행해져, 세계 각국에 퍼지게 되었다.

순종의 대표격으로, 그리고 고양이계의 여왕으로 군림하는 샴은 성격 또한 두드러진다. 매우 영리하고, 애정이 깊으며, 감수성 또한 예민하지만, 때에 따라 공격적인 면을 보이기도 하고, 자기 과시욕이 강하며, 묘하게 자주 신경질을 부리기도 한다. 오직 주인에게만 충성심을 보이고, 주인의 기분을 잘 파악하는 고양이다.

아. 소말리 (Somali)

소말리는 날랜 몸매에 고급스러운 피모, 그리고 아름다운 울음소리가 매력적인 소말리.

아비시니안으로부터 발생한 품종답게 성격 역시 아비시니안과 흡사하다. 환경의 변화에 매우 민감하며, 주인 이외에는 낯을 심하게 가리고 좁은 곳과 소음을 싫어하는 섬세한 특성을 가지고 있다. 따라서 주인은 애정을 듬뿍 쏟아주고 세심한 배려가 필요하다. 소말리의 매력 포인트는 방울처럼 맑고 깨끗한 울음소리와 금빛의 피모이다. 야성적인 몸매와 피모가, 야생의 여우를 연상시키며, 꼬리가 길고 털이 풍성하며, 어깨가 발달되어 있다.

중간 길이의 장모종으로 1963년 영국에서 발생한 품종이며, 슬림한 포린 타입의 체형을 가지고 있다. 체중은 3.5~5.5kg 사이이며, 그린, 골드, 헤젤의 눈빛을 가지고 있다. 소말리의 털은 루디, 소레르, 블루로 딕킹된 세미 롱 등이 있다. 부드러운 피모는 밀도가 있는 더블코트이다.

자. 스코티쉬 폴드 (Scottish Fold)

귀가 접혀있는 고양이 스코티쉬 폴드

스코티쉬 폴드는 1961년 영국에서 돌연변이로 발생한 고양이로 단모종이며, 근육질의 세미코비 타입이다. 체중은 2.5~6kg 정도 나가며 눈은 털 색깔과 비슷하다. 털은 매우 부드럽고 탄력이 있으며, 매우 밀도 있는 피모를 지니고 있다. 스코티쉬 폴드의 가장 큰 특징은 코 앞을 향해 늘어진 귀다. 전체적으로 둥근 체형으로, 짧은 목이 둥글고 커다란 머리를 지탱하고 있으며, 눈은 동그랗고 크며, 눈 사이의 간격이 먼 특징을 지니고 있다.

1961년에 스코틀랜드의 한 농장의 고양이가 낳은 새끼 중에서 좀처럼 귀가 서지 않은 한 마리가 있었는데 「수지」라는 이름이 붙여진 이 고양이가 돌연변이에 의해 탄생한 스코티쉬 폴드 제1호이다. 2년 후 성장한 「수지」가 나은 새끼 중 2마리가, 역시 늘어진 귀를 지니고 있어 즉시 번식계획이 수립되었다.

스코티쉬 폴드의 성격은 예의 바르고 침착하며, 붙임성이 많고 낯을 가리지 않는 성격을 가지고 있다. 다 자란 후에도 새끼 고양이처럼 장난을 좋아하고 익살맞아 주인을 즐겁게 해주는 귀여운 고양이로 외모뿐만 아니라 성격 또한 개성적이다.

차. 아메리칸 숏 헤어 (American Shorthair)

추위를 아랑곳하지 않는, 강한 개척정신의 밝고 쾌활한 아메리칸 숏 헤어.

우리가 주변에서 쉽게 접할 수 있는 흔한 고양이와 비슷한 모습이다. 아메리칸 숏 헤어는 1900년 미국에서 자연발생한 중간 정도의 단모종 고양이로, 약간 대형의 세미 코비 타입이다. 통통한 코비타입과 비슷하지만, 다리, 몸체, 꼬리가 약간 긴 편이다. 체중은 약 3.5～7kg 정도이며 눈의 색은 피모의 색상에 준하며, 모질은 태비 패턴, 클래식(Classic)과 마카레르(Mackerel) 두 종류이다. 실버, 브라운, 레드, 등의 30종류 이상이 공인을 받았다. 굵은 목, 두터운 앞가슴, 강인한 탄력을 지닌 네 다리, 균형 잡힌 꼬리와, 단단한 체격, 완만하고 둥근 머리가 외형상의 특징이다.

아메리칸 숏 헤어는 1620년에 영국에서 메이 플라워 호를 타고 북미로 이주한 청교도인이 데려온 고양이의 후예로 전해지고 있다. 긴 항해기간 동안 쥐의 번식을 막기 위해 태워진 고양이는 세계를 항해하다 들린 항구에 내려 정착했다고도 한다. 현재의 아메리칸 숏 헤어가 확립된 것은 1900년대로 영국에서 데려온 두 마리의 고양이와 미국산 고양이를 교배시켜, 태어난 고양이가 처음으로 등록된 것이다. 그 뒤로 타입과 칼라, 패턴 등이 개량되어, 1930년 후반에서 1940년대 초에 품종으로 완성되었다. 아메리칸 숏 헤어로 불리게 된 것은 1960년이다.

아메리칸 숏 헤어의 성격은 온화하면서도 명랑하고 모난 구석이 없는 착한 고양이로 밖을 좋아하므로 마당에서 놀게 해주시는 것이 좋다.

카. 아메리칸 컬 (American Curl)

귀 모양이 특이한 고양이 아메리칸 컬.

아메리칸 컬은 전체적으로 균형 잡힌 중형의 세미 포린(semi foreign) 타입으로 오리엔탈과 코비의 중간 체형이다. 둥그스름한 삼각형의 얼굴과 짧은 몸통을 지닌 묵직한 모습을 하고 있으며, 중간 길이의 꼬리는 길고 풍성한 피모로 덮여있고 끝으로 갈수록 가늘어진다. 아메리칸 컬의 색상과 무늬는 매우 다양하고, 볼륨감이 많지 않고 몸에 착 붙어 있으며, 언더 코트(보호모 밑에 자라는 짧고 부드러운 솜털)가 거의 없고 실크처럼 부드러운 감촉을 지니는 것이 특징이다. 잘 엉키지 않아 그루밍할 필요가 거의 없는 품종이다. 아메리칸 컬의 뒤로 젖혀진 귀는 끝 부분이 둥글고 좌우의 간격이 넓으며 머리의 모퉁이 쪽에 위치하고 있으며, 90도의 커브를 그릴수록 좋은 아메리칸 컬이 된다고 한다.

마치 미용실에서 만 것처럼 뒤로 젖혀진 귀를 지닌 아메리칸 컬은 1981년에 남 캘리포니아에서 루가 부부에 의해 입양된 검은 야생고양이가 시조이다. 아메리칸 컬의 새끼는 정상적인 귀를 지니고 태어나, 생후 4~7일 정도부터 서서히 뒤로 젖혀지기 시작하는 것이 특징이다. 귀가 젖혀질 확률은 약 50%이다. 아메리칸 컬은 1983년 팜 스프링스에서 열린 고양이 쇼에 등장해 화제에 올랐으며, 브리더의 노력으로 품종의 기준을 확립·개량하여, 마침내 1987년에 품종으로 공인받게 되었다.

아메리칸 컬은 어른 고양이가 되는데 비교적 시간이 걸려, 몸이 완전하게 자라기까지 약 2~3년 정도가 소요된다. 온순한 성격으로 다 자라서도 천진난만한 장난꾸러기 같은 면을 지니며, 어린아이와도 잘 어울려, 다소 거친 장난에도 잘 견뎌내는 건강한 고양이로, 사람을 잘 따르고 총명하여 길들이기 용이하다.

타. 아비시니안 (Abyssinian)

다리가 길고 가늘어서 매력적인 고양이 아비시니안.

고양이 매니아들 사이에서는 아주 유명한 고양이다. 아비시니안은 1860년 에티오피아에서 자연발생된 품종으로, 체형은 날씬한 중형의 포린(foreign) 타입으로 부드럽고 아름다운 곡선이 매력적이고, 다리가 가늘고 길며, 폭이 넓고 긴 꼬리를 지니고 있다. 체중은 4~7.5kg 정도이며, 골드, 그린, 헤젤 빛깔의 매력적인 눈동자를 가지고 있다.

오렌지 브라운의 바탕색에 다크 브라운의 딕킹을 지닌 루디(Ruddy), 오렌지 브라운의 소렐(Sorrel), 청회색의 블루(Blue), 핑크계의 폰 등 4가지가 공인된 색상이며, 그 외에도 실버 등이 있습니다. 아비시니안의 특징은 엘레강스한 금빛의 털, 커다란 귀와 눈, 슬림한 몸매라고 할 수 있다. 발끝을 세운 듯, 작고 단단한 계란형의 발 때문에 "발레 캣"이라는 별명을 가지고 있다.

금색의 피모를 지닌 신비한 고양이인 아비시니안은 오랜 역사와 내력을 지니고 있다. 그중 하나는 먼 옛날 고대 이집트의 파라오의 궁전에서 길러지던 성스러운 고양이의 직계 자손이 아비시니안이라는 설인데, 벽화나 조각에 새겨진 고양이는 확실히 아비시니안과 닮았지만, 이를 입증할 객관적 자료는 없다. 실제로는 1868년 전쟁 때 영국의 병사가 아비시니안(현재의 에티오피아)에서 가져온 고양이가 현재의 아비시니안의 시조로 알려져 있다. 그 후, 미국에 전해져 영국과 미국 등에서 개량이 거듭되어, 현재의 아비시니안이 되었다고 한다.

수컷에 비해 암컷의 동작이 예민하고 민첩하다. 성격은 온순하면서도 매우 어리광스럽다. 울음소리를 내지 않지만, 사람의 목소리에 잘 반응하는 애교가 많다. 사람을 잘 따르고, 같이 놀아주는 것을 좋아하는 우호적인 성격을 지니고 있으며, 나무 타기, 물놀이 등도 좋아한다.

파. 옥시캣 (Ocicat)

야성적인 외모와 상냥한 성격을 겸비한 우등생 고양이 옥시캣.

1964년에 미국 미시간주의 버지니아 달리 부인은 아크티 태비나, 링 포인트를 지닌 샴을 만들기 위해, 쉘 포인트의 샴과 아비시니안 암컷을 교배시켰다. 그런데 태어난 새끼는 모두 아비시니안의 모습이었다. 태어난 새끼 중 수컷 한 마리를 쵸콜릿 포인트를 지닌 암컷과 교배시키자 원하던 아크티 태비의 샴이 태어났는데 다른 한 마리는 아이보리 바탕색에 골든얼룩을 지녔다고 한다. 야성적인 아름다움에 반한 달리 부인은 그 후로도 교배를 반복했고, 톰 브라운이라는 브리더에 의해 혈통의 개량이 진행되게 되었지요. 그리고 1964년에 쇼에 참가하여, 1966년에 공인 받게 되었다.

옥시 캣이라는 이름의 유래는 개의 이름을 합성한 것으로 오셀롯(산고양이)와 닮았다는 의미의 오세레드와 인공교배에 의해 탄생했다는 뜻의 악씨 캣을 합친 것이다. 체형은 아비시니안을 그대로 물려받았다. 다만 아비시니안에 비해 약간 대형의 단단한 근육질이며, 체중은 암컷이 4.5kg, 수컷은 7kg까지 나간다.

옥시 캣은 단모종이며, 세미 포린 타입의 체형이다. 머리는 둥근 삼각형으로 완만한 윤곽을 보이고 있다. 눈은 커다란 아몬드형으로, 청색을 제외한 여러 가지색을 지니며 피모와 눈색의 관계는 없다. 갈색 계열, 청색계열, 실버 계열의 바탕에 스포트 무늬가 있다. 바탕색은 연하고 스포트 부분은 진한 딕킹(한올의 털에 2~3가지의 진한 색띠를 지님)을 보인다. 모질은 가늘고 짧으며 광택을 지니고 패턴이 독특하고 무늬와 바탕색의 대비가 선명하다. 야성적인 스포트 무늬가 가장 큰 특징이다.

하. 코랫 (Korat)

호화로운 블루의 피모와 영리함을 지닌 행운의 고양이 코랫.

러시안 블루에 버금가는 아름다움을 자랑하는 고양이입니다. 코랫은 신앙심 깊은 타일랜드인으로부터 Si-Sawat(행운의 고양이)로 사랑 받아온 고양이랍니다. 태국북부의 코랫트지방이 원산지이다. 1700년 태국에서 자연발생된 단모종의 고양이로 중형의 세미코비타입의 체형을 가진 고양이 입니다. 체중은 2.5~4.5kg 정도이며, 빛나는 녹색의 눈빛에서 묘한 아름다움을 풍깁니다.

전체가 매끄러운 블루(짙은 회색) 한 가지로 이루어져 있으며, 언더 코트가 적고, 몸의 표면에 착 붙어있습니다. 또한 모질은 실크처럼 부드럽고 광택이 있는 것이 특징입니다. 작은 하트형의 머리모양과 옆얼굴은 약간의 경사를 보이고 있으며, 약간 돌출하고 간격이 있는 눈, 든든한 몸집, 앞다리가 뒷다리보다 약간 짧습니다. 티피드(털끝이 진한색)의 피모로 각도에 따라 빛나는 실버 블루의 가지런한 털과 하트형의 머리, 약간 돌출되고 둥근 눈이 특징이다. 약간 낯을 가리지만 영리한 고양이다.

3. 관상어류

3.1 구피(외국산) : 난태생 송사리과

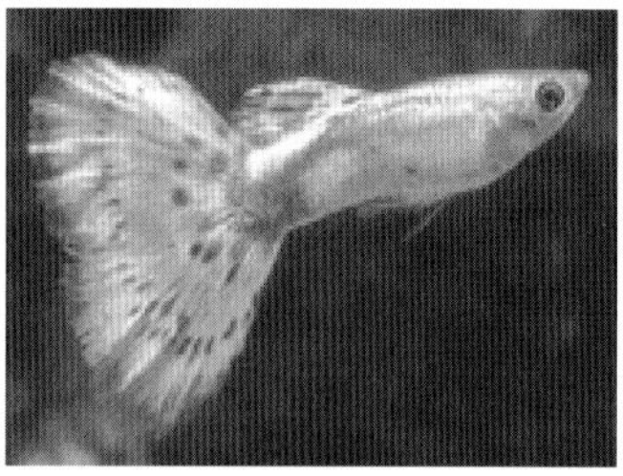

- 원산지 : 중미(개량종)
- 수질 : 중성~약 알카리성
- 크기 : 수컷 3~5cm 암컷 4~8cm
- 적정온도 : 20~32℃
- 수명 : 1년 이상

색깔이 화려하고 가격이 저렴하고 구입이 쉽기 때문에 초보자의 열대어 사육 입문으로 적당하다. 그러나 수질의 급변화에 민감한 열대어이다. 그러므로 구입 시에 어종의 건강 상태가 양호하고 수조 내에서 활발하게 헤엄치고 있는 물고기를 선택하시는 것이 중요하다. 적절한 수온은 22~28℃이다. 약알칼리성의 물을 좋아하는 물고기로 주로 한번에 1/3 정도만 갈아주는 물갈이를 필요로 한다. 먹이는 실지렁이, 입자가 작은 사료 및 녹조류가 좋다. 가능한 한 종류로 사육하고 혼육일 경우 같은 크기의 물고기를 선택하는 것이 중요하다.

3.2 네온 소드테일 : 난태생 송사리과

- 원산지 : 멕시코 과테말라
- 수질 : 중성~약 알카리성
- 크기 : 수컷 8cm, 암컷 2cm
- 적정온도 : 23~30℃
- 수명 : 2년

원종과 유사한 채색을 띠지만 최근에는 적색과 그린 계열의 개체가 개량 되었기에 기호에 따라 선택이 가능하다. 특히 작은 물고기와 혼육시킬 경우에는 이들을 잡아먹을 수 있어서 각별한 주의를 필요로 한다.

3.3 레드 소드테일 : 난태생 송사리과

- 원산지 : 멕시코 과테말라
- 수질 : 중성~약 알카리성
- 크기 : 수컷 8cm 암컷 12cm
- 적정온도 : 23~30℃
- 수명 : 2년

레드 소드테일이라는 이름처럼 수컷의 꼬리지느러미 하단이 건처럼 성장하는 특징이 있다. 특히 전신이 적색 계열을 띠는 레드소드 테일이 상당히 인기가 있다. 그러나 이 레드 소드테일은 수컷끼리 싸우는 경우가 종종 발생한다. 그러므로 가능한 큰 폭의 수조에 암컷을 많이 넣어 두는 것이 좋다.

3.4 레드 플레티 : 난태생 송사리과

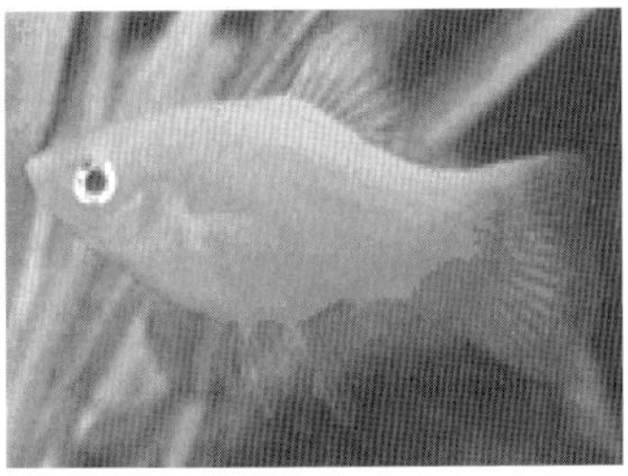

- 원산지 : 멕시코 과테말라
- 수질 : 중성~약 알칼리성
- 크기 : 5cm
- 적정온도 : 23~28℃
- 수명 : 1년

레드플레티는 그 색채와 형태가 매우 재미있는 물고기이다. 성질도 온순하고 사육도 비교적 쉽기 때문에 초보자의 기르기에 매우 적합한 열대어이다. 번식에 있어서도 특별한 기술이 필요하지는 않지만 단지 태어났을 때부터 친어와 동일한 색상을 띠고 있어서 식용으로 오인하는 경우가 종종 있기에 각별한 주의가 필요하다.

3.5 세일핀 몰리: 난태생 송사리과

- 원산지 : 멕시코
- 수질 : 중성~약 알카리성
- 크기 : 12cm
- 적정온도 : 23~30℃
- 수명 : 1~2년

일반적으로 베리페라라고 불린다. 수컷은 커다란 등지느러미를 갖고 있는데 암컷에게 구애할 때나 다른 수컷이 위협할 때 전개되는 특징이 있다. 활동적인 물고기이기 때문에 60cm 이상의 큰 수조에서 기르는 것이 좋습니다. 적정한 수온은 22~28℃이며, 사육법은 구피와 거의 같으며, 혼육은 아나반티드과의 소형물고기가 바람직하다.

3.6 키놀레비아스 니그리핀니스 : 난태생 송사리과

- 원산지 : 아르헨티나
- 수질 : 약 산성
- 크기 : 5cm
- 적정온도 : 18~25℃
- 수명 : 1년

일반적으로 '아르젠틴 펄'이라고 불리는 물고기이다. 건강 상태가 아주 좋은 수컷의 경우에는 전신에 찰흙 빛을 띠고 또한 여기에 독특한 파란색 점들을 무수히 발색하는 특징을 가지고 있다. 반면에 건강상태가 그리 좋지 못하면 하얀빛이 도는 경향이 있다. 산란은 거의 매일 이루어지지만, 알의 부화까지는 약간의 휴면기간을 필요로 하는 독특한 물고기이다.

3.7 포 아이 : 난태생 송사리과

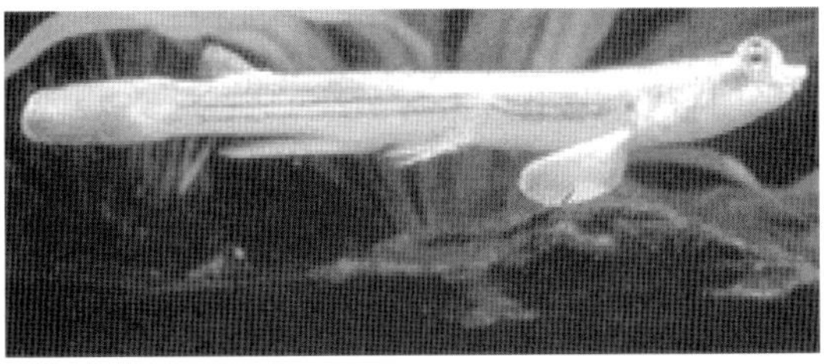

- 원산지 : 아마존강
- 수질 : 알칼이성
- 크기 : 20cm
- 적정온도 : 25~28℃
- 수명 : 2년

대단히 희귀한 어종이다. 눈의 반 이상이 돌출되어 있고 수상과 수중의 양면을 보고 있다. 하구의 기수 면에 생식하기 때문에 사육하는 수조에는 염분을 첨가해 주어야 한다. 돌출된 눈만큼이나 겁이 많은 물고기이다. 그래서 수조 내에 조용한 환경을 만들어 주지 않으면 장기적으로 사육하는 것이 거의 불가능하다. 또한 이 물고기는 수면 위로 자주 뛰어오르기 때문에 덮개 외에 수조의 수위를 낮춰서 사고를 줄이도록 신경을 써야 한다.

3.8 푸세우도에피프라티스 아뉼레이터스: 난태생 송사리과

- 원산지 : 시베리아
- 수질 : 약산성
- 크기 : 3~4cm
- 적정온도 : 23~28℃
- 수명 : 1년

난생 송사리과의 한 종으로 크기가 겨우 2cm의 아주 작은 물고기이다. 크기는 작지만 모양은 매우 매력적이다. 하지만 여기에서의 사진과 같이 발색을 하는 경우는 그리 흔하지 않다. 움직임이 거의 없고 다른 어종과의 혼육은 적합하지 않으므로 소형 수조에서 단독 사육을 하는 것이 좋다.

3.9 독일 브릴란트 더콰이즈 : 시클리드과

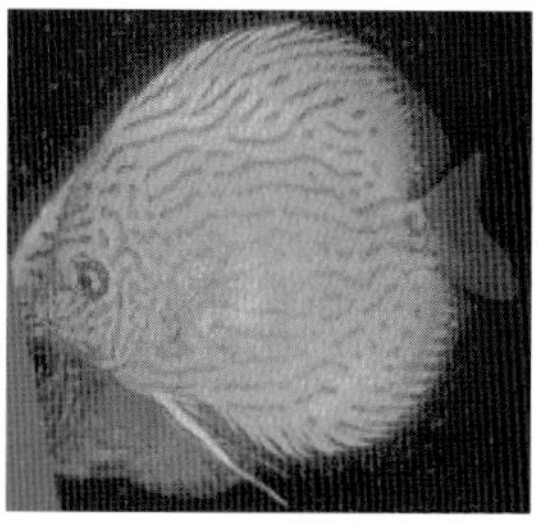

- 원산지 : 독일(개량종)
- 수질 : 중성~약 산성의 연수
- 크기 : 18cm
- 적정온도 : 28~32℃
- 수명 : 3년 이상

기조색의 붉은 빛이 강하며 예로부터 인기가 높은 품종이다. 밝게 빛나는 푸른색의 매력은 애호가들에게 인기가 높으며 세계의 브리더들에게 번식되어지고 있다. 아름다운 선의 계통을 유지하는 것은 어려우며 좋은 개체를 손에 넣는 것은 좋은 물고기를 간파할 줄 아는 안목이 필요하다.

3.10 두메릴리 엔젤피쉬 : 시클리드과

- 원산지 : 아마존강
- 수질 : 약 산성~중성
- 크기 : 12cm
- 적정온도 : 22~28℃
- 수명 : 3년 이상

「브라질리안 엔젤」의 호칭을 갖는 원종 엔젤이다. 입끝에서 부터 등지느러미 기저 전단에 걸친 선은 매끈하고 등지느러미 기저의 거의 중앙에 검은 얼룩무늬 형태가 나타나는 횡대가 이 종의 특징입니다. 수입량은 적지만 인기가 높은 종류이다.

3.11 골든 라이어테일 : 난태생 송사리과

- 원산지 : 가봉
- 수질 : 약 산성
- 크기 : 5cm
- 적정온도 : 21~26℃
- 수명 : 2년

난생 송사리과로 이 물고기의 개량 품종은 멜라닌 색소가 덜 첨가되어 매우 독특한 분위기를 연출하는 물고기이다. 특히 아피세미온 속의 입문어로써 적당합니다.

3.12 노도브란치우스 균텔리 : 난태생 송사리과

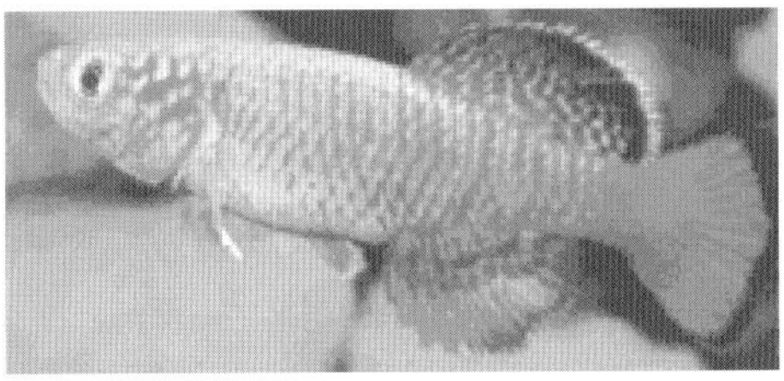

- 원산지 : 탄자니아
- 수질 : 중성 전후
- 크기 : 5cm
- 적정온도 : 20~27℃
- 수명 : 1년

노도브란치우스 속의 대표 종으로 알려져서 사육되었던 적이 있었는데 최근에 발견되는 일은 그리 흔하지 않다. 산란이 이루어진 후 1개월 정도의 부화 기간을 갖고 생후 2개월이면 본 채색을 이룰 수 있다. 사육 시에는 먹이를 충분히 공급해 주면 비교적 원활한 산란과 부화를 이루고 번식 또한 증가시킬 수 있다.

제3장

애완동물의 훈련과 관리

1. 개

1.1 훈련의 중요성

"인간이 개에게 보여줄 수 있는 가장 큰 사랑은 훈련을 통하여 똑바로 사람의 명령에 따를 수 있도록 하는 것이다." 라고 한 Sally Stiles는 개 훈련의 중요성을 강조하였다. 잘 훈련된 개들은 사람들과 함께 행동하기 때문에 여행, 가족 외출 등에 데려갈 수도 있어 가족의 한 구성원이 될 수 있으며 모든 곳에서 환영받는다. 그러나 훈련받지 못한 개는 이런 모든 특권을 가지지 못한다.

1.2 훈련의 시기와 장소

개의 훈련은 시기 선택이 매우 중요하기 때문에 신중하게 고려해야 한다. 훈련 기초과목의 선택과 인위적으로 제한된 행동만을 요구하게 되는 훈련의 적기는 생후 6~8개월 때가 이상적이다. 이때 개는 본능적으로 사물에 대한 주의력과 호기심이 강하여 훈련사에게도 빠르게 적응한다. 따라서 훈련 시기를 잘 맞춘 개의 훈련은 능력을 충분히 발휘할 수도 있고 잘못된 성격 교정도 가능케 한다.

1.3 훈련의 정의와 원칙

개에 있어서 훈련은 인간과 상호 협력 관계 유지와 지속 그리고 개 건강 유지를 위한 의미를 내포하고 있다. 이러한 훈련 과정에서 오는 부작용이나 부담을 줄이고 상황 변화에 대처할 수 있는 능력을 갖추려면 기초적인 훈련 절차를 밟아야 하는데 이러한 기초적 훈련이 바로 복종 훈련이라고 할 수 있다.

㉮ 훈련은 일찍 시작한다. 나쁜 습관에 젖기 전 어린 강아지일 때 시작한다.
㉯ 한 번에 한 가지씩 5가지 훈련(앉아, 서, 기다려, 엎드려, 이리와)을 순서대로 가르친다.
㉰ 항상 목줄을 잡고 훈련을 시킨다.
㉱ 훈련 중 목소리는 쾌활하되 단호하게 한다.
㉲ 특정 훈련을 가르칠 때는 항상 똑같은 단어와 음성으로 말해야 한다.
㉳ 명령 즉시 복종할 수 있게 한다.
㉴ 훈련에 성공했을 때는 반드시 칭찬해주고 실패했을 때는 반복훈련을 시킨다.
㉵ 개의 기분을 존중해 준다.
㉶ 훈련을 재미있게 한다.
㉷ 훈련 수준은 되도록 높이 잡는 것이 좋다.

1.4 훈련의 실제

가. 대소변 가리는 훈련

대소변 가리기는 실내를 깨끗하게 하려고 뿐 아니라 개에게 참을성을 길러주는 가장 중요한 "기초 과목"으로 훈련을 확실히 해두면 다른 훈련이 훨씬 쉬워지며 나중에 좋은 결과를 기대할 수 있다. 훈련 시 주의할 점은 일정한 시간, 일정한 장소를 정해놓고 계속적인 끈기와 관심을 보여주면서 교육의 성과에 따라서 즉석에서 따끔한 질책과 칭찬을 반복해 해줘야 한다. 대소변 유도제를 보조수단으로 사용하는 것도 효과적이다.

나. 앉아

개 훈련용어 중 가장 많이 사용하는 용어로 "앉아"의 바른 자세는 대퇴부를 가지런히 모아 앉는 자세로 앞가슴을 쭉 펴고 머리를 곧바로 들고 올려다보는 활기차고 늠름한 자세가 이상적이다. 훈련방법은 줄을 사용하는 것이 좋으며 유도방법으로 개를 벽쪽 또는 뒤로 물러갈 수 없는 조건에서 먹이나 공을 머리 위까지 들고 똑바로 뒤쪽을 향하게 하면 앉게 되며 또 다른 방법은 훈련자 좌측에 개를 붙이고 줄을 오른손으로 아주 짧게 잡고 위로 치켜들고 왼손으로 개 엉덩이를 눌러앉게 하는 방법이 있다.

다. 엎드려

처음 엎드려 훈련을 시작할 때 엎드려 자세에서 시간적 여유를 주면 나쁜 자세가 나오기 때문에 신속하게 다른 동작으로 변화를 준다. 훈련 중 엎드려 명령을 사용할 때는 서 있을 때, 걸어가는 도중, 뛰어가는 도중, 먼 거리에서 등 여러 가지 환경변화에서도 자유자재로 "엎드려"를 할 수 있도록 훈련시킨다.

라. 기다려

개와의 일상생활에서 많이 사용되는 명령어로 "기다려"를 훈련시키는 방법은 줄을 사용한다. 즉, 좌측 손으로 줄을 편리하게 조절하며 우측 손바닥을 펴서 아래로 내리치는 동작으로 "기다려" 한다. "기다려"는 단호하면서도 부드럽게 명령한다.

마. 이리와

"이리와"의 맨 처음 훈련은 줄이 달린 상태로 자유롭게 놀게 한 다음 개 이름과 이리와 명령을 동시에 부르면서 줄을 순간적으로 힘차게 잡아당겨 오도록 한다. "이리와" 라는 명령에도 불구하고 개가 주의를 기울이지 않을 때는 재차 줄을 튕기듯 잡아당겨 "이리와"라는 의미를 강하게 상기시켜야 한다.

바. 서

서의 훈련방법으로 훈련자는 좌측 손으로 줄을 30cm 이내로 짧게 잡고 우측 손으로는 70cm 이상 길게 잡고 걷는 도중에 좌측 손으로 줄을 가볍게 당기면서 서를 명령하고 즉시 멈춰 서게 한다. 서의 명령이 내려졌음에도 다른 행동을 할 때는 좌측 엄지손가락으로 하복부를 위로 찌르듯이 충격을 주어 바른 자세로 교정을 한다.

1.5 애완견의 훈련

가. 기본 훈련

강아지의 건강을 유지하는 첫 단계는 적당한 훈련이다. 이 훈련을 통하여 강아지에게 좋은 성격을 심어주고, 주인의 말을 잘 듣게 하여 교통사고를 방지하며, 이물질과 중독물질 등, 아무거나 먹는 것을 막고, 비만을 방지할 수 있는 좋은 효과를 얻을 수 있다. 생후 7주 무렵부터 강아지의 이름을 가르치고 기본적인 명령어인 "안돼", "앉아", "멈춰", "이리와", "짖어" 등을 가르쳐야 한다. 훈련을 시킬 때는 언제나 한 사람이 시켜야 하며 다른 가족들은 곁에 없는 것이 낫다. 7주~12

주 사이의 훈련은 주로 놀아주는 방향으로 해야 한다. 왜냐하면 이 시기의 강아지는 쉽게 공포감을 느끼고, 쉽게 헷갈리기 때문이다. 이때는 강아지의 몸짓을 판단하여 의사를 파악해야 하며 눈과 눈으로 대화해야 한다. 강아지는 눈과 얼굴 표정 그리고 꼬리로도 대화하기 때문이다. 항상 곁에서 관찰하고 몇 주 동안은 많은 이야기를 해주어야 한다.

강아지는 반복되는 간단한 용어를 쉽게 배우며 용어를 사용할 때는 소리의 크기와 음량을 조절하여 애정을 가지고 불러줘야 한다. 훈련시간은 10분 정도가 적당하며, 나머지 시간은 강아지와 함께 놀아주어야 한다는 것을 잊지 말아야 한다. 12주된 강아지에겐 본격적인 교육 훈련이 필요하다. 잘못된 것을 교정하는 "안돼"라는 용어를 많이 써야 하며 이 용어가 어느 정도 인식될 때까지는 육체적 제재를 가해도 된다. 주의할 점은 머리부위는 때리지 말고 나쁜 짓을 했을 때는 야단을 치면서 이름을 부르지 말아야 하며, 좋은 일이나 착한 일을 했을 때만 이름을 불러야 한다는 것이다. 마지막으로 "안돼"라는 말이 효과적일 때는 육체적 제재를 멈춰야 한다. "앉아" 이것은 가장 간단한 훈련이며 말과 행동을 동시에 해야한다. 입으로는 "앉아" 하면서 손으로는 강아지의 꼬리 쪽을 눌러서 앉혀야한다. 이 과정을 되풀이하면서 항상 같은 목소리를 사용해야한다. 강아지가 앉으면 칭찬해 주어야하며, 만약 강아지가 곧바로 인식하지 못할지라도 꾸짖지 말아야 한다. 일단 강아지가 앉는 것을 배우면 "멈춰", "이리와" 등 좀 더 힘든 명령어를 사용 할 수 있다. 이 두 가지 명령어는 끈을 매고 하는 것이 좋다.

나. 짖는 개 교정법

실내 애견생활이 보편화된 요즘 목청 높여 짖는 개들 때문에 골칫거리이다. 어려서부터 함부로 짖지 않는 훈련을 시켜주어야 하는데 역시 철저한 반복 훈련과 조기 교육이 중요하다. 개의 짖는 습관을 교정해 주려면 약간의 충격 요법이 필수적이다. 강아지의 경우 처음 짖었을 때부터 "안돼"하며 손바닥을 펴 보이면서 타이르듯 일러준다. 그래도 계속 짖으면 코끝을 살짝 꼬집어 주면서 "안돼" 표시를 거듭해 준다. 신문지를 말아서 엉덩이를 살짝 때려주는 것도 좋은 방법이다.

1년 이상 자란 성견을 짖지 않도록 하려면 물총을 얼굴에 쏘아 주던가 빈 양철통을 세게 두드려 겁을 주는 게 효과적이다. 물은 절대 귀에 들어가지 않도록 하는 것이 좋다. 극단적인 방법으로 성대 제거수술도 있지만 외과적 처치보다 짖지 않도록 훈련시키는 것이 제일 좋은 방법이며 따끔하게 타일러 주면서 "동물 식구" 나름의 규칙을 지키도록 한다면 짖는 개를 교정시키는 데 별 어려움이 없을 것이다.

2. 고양이

2.1 고양이의 기원

애완용 고양이의 선조는 북아프리카 들고양이이며, 이들 들고양이는 사람 사는 곳 가까이에서 살면서 야생먹이 대신 사람이 버린 음식물을 먹이로 대신하면서 축화 되었다. 집고양이는 순치되었지만 아직 독립성과 야생성질을 완전히 잃지 않고 단독생활을 하는 편이다. 고양이 길들이기는 다른 가축보다 훨씬 늦어 이집트에서 발견된 최초의 증거는 BC 2500년 정도이다.

2.2 고양이의 본성

㉮ 고양이는 습관을 잘 지키는 동물이기 때문에 일정한 습관을 길들여 놓으면 습관에 따라 잘 지낸다.

㉯ 고양이는 자기영토 확보 성향이 강하다.

㉰ 고양이는 매우 감각적인 동물로 따뜻한 것을 매우 좋아한다.

㉱ 고양이 입맛은 까다로워서 밥 주는 시간을 일정하게 정해놓는 것이 좋다.

㉲ 고양이는 몸에 물이 젖는 것을 싫어하지만 정기적으로 물을 섭취하는 것이 고양이 생존에 매우 중요하다.

㉳ 사냥은 고양이에게 매우 강한 본능이기 때문에 사냥을 한다고 고양이에게

벌을 주는 것은 쓸데없는 짓이다.

2.3 의사소통

㉮ 몸짓 : 가장 만족스러워하는 자세는 사지를 펴고 천천히 발톱을 오므렸다 피기를 하며 가르릉 거리며 큰 걸음을 걷기도 한다.

㉯ 귀 : 경계심을 나타낼 때는 귀를 앞으로 쫑긋 세우며 신경이 예민해졌을 때는 뒤로 쫑긋거린다. 놀랬거나 공격을 할 때는 귀를 뒤쪽으로 완전히 눕히다시피 한다.

㉰ 입 : 치아를 드러내면서 으르렁거릴 때는 상대방에게 위협을 주거나, 공격하겠다는 신호다.

㉱ 꼬리 : 꼬리 모양은 고양이 기분을 알 수 있는 척도가 된다. 꼬리를 높이 치켜들고 꼬리 끝을 찰랑대면 유쾌함의 표시이고 꼬리 전체가 좌우로 심하게 움직이며 동시에 등을 구부리면 매우 심각한 위협의 표시이다.

2.4 영양

영양이 불충분한 고양이는 전염병이 발병하기 쉽고 충분한 영양상태에서 자란 고양이는 그렇지 못한 고양이에 비하여 세균과 virus에 대한 면역성을 획득하기 쉽고 기생충에 대한 저항력도 강하다. 고양이는 Ca이 부족하기 쉽기 때문에 주의를 요한다.

2.5 운동

고양이도 사람에 의해서 사육되어지기 때문에 운동부족이 되기 쉽다. 따라서 우리에서 사육되는 고양이는 될 수 있는 대로 넓은 우리에서 사육하는 것이 좋으며 목걸이를 이용, 산보를 시켜주는 것이 좋다. 운동을 위한 가장 좋은 방법은 2

마리 이상의 고양이를 길러 경쟁심을 유발, 운동량을 늘려주는 것이다.

2.6 배뇨 방지법

수고양이는 특히 오줌 냄새를 풍겨 자기 영역표시를 하는 것이 정상적인 행동이라고 할 수 있는데 사람이 사육할 때는 매우 부적당한 행위가 된다. 이런 습관을 방지하기 위해서 성성숙 시 거세수술을 하여 배뇨 행위를 방지할 수 있다.

2.7 털 손질

고양이는 털 손질을 자신의 혀로 하지만 털 손질을 하지 않으면 다량의 털을 삼켜 소화기 질병이 생기는 원인이 된다. 따라서 털 손질을 게을리하지 말아야 하며 털에 껌, 페인트 등 이물질이 묻어 있을 때는 벤젠 등으로 지우려 하면 염증을 일으킬 수가 있기 때문에 오염된 털은 잘라버리는 것이 좋다.

2.8 외부 기생충 구제

항상 벼룩, 이 등 외부 기생충이 없는 상태를 유지하려면 3일에 1회씩 등줄기와 목줄기에 외부 기생충 약을 살포해 주어야 한다.

2.9 정기 건강진단

한 달에 한 번 정도 건강진단을 하는 것이 필요하며 식욕, 물먹는 양, 배뇨량, 색깔 횟수를 점검하며 체중과 체온을 측정한다.

2.10 체온 재는 방법

항문에 올리브유를 바르고 체온계를 항문에 2cm 정도 삽입하여 측정한다. 고양이의 평상 시 체온은 38~39℃이며, 일반적으로 여름에 높고 겨울에 낮다. 안정 시 맥박은 1분에 100~150회, 호흡수는 20~30회이다. 맥박은 뒷다리와 몸이 연결되는 부분 안쪽 동맥에 오른손 인지를 대어 측정한다.

2.11 예방접종

고양이에 있어 3가지 중요한 질병인 전염성 장염, 바이러스성 비강 기관지염, 반점 바이러스에 대한 예방접종을 반드시 해야 한다. 통상 예방접종은 제1회째 생후 8~10주, 제2회 접종은 제1회 접종 후 1개월에 실시한다.

3. 토끼

3.1 토끼 기르기

토끼는 강아지와는 다르게 새끼 곁에만 붙어있지 않는다. 젖을 먹이는 데 걸리는 시간도 매우 짧고 하루에 2회 정도 수유한다. 생후 10일 정도 지나면 귀와 눈이 열린다. 만일 이 시기에 눈과 귀가 열리지 않으면 질병에 징후일 수 있으니 병원에 가시는 것이 좋다. 눈과 귀가 열리면 온갖 재롱과 응석을 부린다. 생후 3주까지는 어미 토끼의 젖만 먹게 하는 것이 중요하다. 3주 이상이 지나면 어미젖과 알팔파 건초를 함께 급여하시는 것이 좋다. 생후 6주 정도 되면 분양을 할 수 있다. 그런데 요즘 한 달도 안 된 어린 토끼를 분양하는 경우가 많다. 분양을 하실 때는 젖을 뗀 후 1주일 이상 지난 후에 분양하시는 것이 아기 토끼의 건강을 위해서도 좋다. 생후 2달이 지나면 신선한 야채와 과일을 제공해야 한다. 그 이전에 과일과 야채를 급여한다면 소화시키지를 못해 설사를 유발하기도 한다. 아기 토끼는 설사를 하면 갑자기 목숨을 잃을 수도 있다.

토끼도 운동이 필요하다. 실내에서만 지내게 되면 운동량의 부족으로 비만을 초래할 수도 있고 정신적인 스트레스도 받게 된다. 특정한 시간을 정해서 토끼와 함께 산책을 해야 한다. 단 토끼가 땅에 떨어진 것을 주워 먹지 못하도록 감시하셔야 합니다. 떨어진 것을 주워 먹는 버릇이 생기면 후에 심각한 질병을 초래할 수도 있고, 무엇보다도 바로잡기 힘든 버릇이기 때문이다.

3.2 토끼의 습성

가끔 토끼는 자신의 변을 먹기도 한다. 언뜻 보면 정말 불결하고 기분 나쁜 일로 생각할 수 있지만 토끼가 변을 먹는 것은 전혀 이상한 일이 아니다. 왜냐하면 음식물의 영양분을 한 번에 흡수하지 못하기 때문에 변을 먹음으로써 부족한 영양분을 보충하기 때문이다. 토끼의 배설물을 화장실에 넣어주고 토끼에게 냄새를 맡게 해야 한다. 이것은 토끼에게 화장실의 위치를 알려주는 행동이다.

3.3 토끼의 먹이

토끼의 먹이로 당근으로 생각하시는 분들이 상당수일 것이다. 실제로 토끼는 정말 당근을 좋아한다. 하지만 항상 토끼가 당근만 먹고사는 것은 아니다. 특히 막 젖을 떼어 분양된 어린 토끼에게는 절대로 안 된다. 시중에 나와 있는 인공사료는 토끼가 먹을 수 있는 야채와 풀이 혼합되어 토끼가 씹을 수 있도록 단단하게 건조시킨 것으로 주인에게도 편리하고 토끼의 건강에도 아주 좋은 것이다.

토끼에게도 매일 적당한 수분을 섭취할 수 있도록 배려해야 한다. 토끼는 초식동물이다. 동물성 음식은 소화시킬 수 없는 생리구조를 가진 동물이다. 특히, 우유나 유제품 등은 급여하지 않도록 주의를 해야 한다. 특히 당분이 많은 음식은 금물이다. 대용유는 토끼용이 가장 좋지만 아직 국내에 토끼 대용유는 없으므로, 개나 고양이용 대용유에 당분, 정장제 등을 혼합하여 먹이면 효과가 좋다. 단 일시적으로 주어야 한다.

3.4 토끼의 생활

토끼는 매우 규칙적인 생활을 하는 섬세한 동물이다. 토끼는 저녁에서 밤사이에 가장 활발하게 움직이는 야행성 동물이다. 야생에서의 토끼는 적으로부터 습격을 피하기 위해서 낮에는 둥지에서 잠을 자고 밤이 되면 먹이를 찾으러 나가는 습성이 있는데 애완토끼 역시 이러한 습성이 남아서 주로 밤에 활동하는 것이다. 아침을 먹은 토끼는 저녁까지 충분히 휴식을 취한다. 그리고 저녁 무렵이 되면 활기를 되찾고 분주하게 움직인다. 이 시간이 토끼와 놀아주기 가장 좋은 시간이다. 토끼는 정말 예민한 동물이라서 쉬고 있을 때 건드리면 엄청난 스트레스를 받는다.

3.5 토끼의 이빨

토끼의 이빨은 한 달에 0.8～1cm씩 평생 계속 자란다. 계속해서 자라는 이빨을 관리해 주기 위해서는 이갈이용 나무를 준비해야 한다. 토끼를 처음 구입할 때는 위턱과 아래턱의 앞니가 서로 정확하게 맞물려 있는지 꼭 확인해야 한다. 정확히 맞물리지 않은 상태를 부정교합이라고 하는데 선천적인 부정교합이나 이갈이용 나무가 없는 경우에는 이빨이 길게 자라서 위험해지므로 1～2개월에 한 번씩 잘라주어야 한다.

3.6 토끼의 예방접종

가. 토끼 바이러스성 출혈병 (VHD; Rabbit Viral Hemorrhagic Disease)

주된 증상은 급사인데, 식욕이나 활력 등에 아무 이상이 없다가 갑자기 죽는 경우가 대부분이고, 또는 1～2일 정도 기운이 없고 잘 놀지 않으며, 고열이 나고, 먹는 것도 조금 줄어드는 듯 하다가 죽기도 한다.

나. 광견병

흔히 개와 사람만 병에 걸리는 것으로 알려졌지만 사실 온혈 동물은 모두 걸린다. 그러나 다른 전염병과 다르게 반드시 광견병에 걸린 동물에 직접 물려야만 감염되기 때문에 집에 사는 토끼들은 큰 걱정이 없지만 발병하면 모두 죽기 때문에 조심해야 한다.

4. 햄스터 (Hamster)

4.1 햄스터 기르기

야생의 습성이 남아있는 동물들을 길들이기까지는 충분한 시간이 필요하다. 처음부터 성급하게 생각하면 길들이기도 어렵게 되고 햄스터도 사람을 믿지 않고 두려워하게 된다. 특히 새로운 환경에 적응할 때까지는 지켜봐 주시는 여유가 필요하다. 특히 집에 처음 데리고 온 날은 햄스터가 편히 쉴 수 있도록 배려해야 한다. 햄스터가 어느 정도 심리적인 안정을 찾으면, 햄스터와 조금씩 친해질 수 있도록 노력해야 한다. 우선 먹이를 주실 때 직접 손으로 준다. 햄스터가 먹이를 받아먹게 되면 주인의 냄새에 익숙해지도록 냄새를 맡게 해준다. 시간이 지날수록 햄스터는 주인에게 호감을 갖게 되고 접근하게 된다. 햄스터가 가까이 다가오면 손바닥 위에 올려주면 햄스터가 발톱을 세우면서 긴장하게 되면 다시 집안으로 넣어주면 된다. 햄스터가 두려움을 느끼지 않도록 하는 것이 중요하다. 몇 차례 걸쳐서 반복하시면 햄스터도 주인을 믿고 따른다. 그 사람 다음에 햄스터와 함께 놀아주면 된다. 하지만 햄스터가 귀찮아할 정도로 만지게 되면 스트레스로 병이 날 수도 있다. 햄스터가 싫어하는 행동은 하지 않는 것이 좋다. 특히 햄스터가 자고 있을 때는 건드리지 않는 것이 좋다. 배를 만지거나 꾹꾹 누르는 행동, 바로 뒤나 위에서 갑자기 손을 대는 행동들은 햄스터가 모두 싫어한다.

4.2 햄스터의 먹이

햄스터는 잡식성의 동물이다. 여러 가지를 알맞게 섞어주면 정말 맛있게 잘 먹는다. 특히 신선한 종류의 풀과 과일, 그리고 다양한 종류의 씨앗을 좋아한다. 그리고 시중에 나와 있는 인공사료도 햄스터의 좋은 먹이가 된다. 햄스터에게 먹이를 주실 때는 건조사료를 주식으로 하여 채소와 과일을 섞어주면 좋다. 건조사료는 꼭 햄스터 전용사료를 선택해야 한다. 다른 애완동물용 건조사료는 햄스터에게 알레르기 반응을 일으킬 수 있다. 실제로 파충류 전용사료의 경우에는 다량의 염분이 함유되어 있기 때문에 햄스터에게 치명적이다. 채소와 과일은 중요한 수분 공급원이다. 신선한 채소와 과일을 잘 씻어 물을 털어낸 후 햄스터가 먹기 좋은 크기로 잘라서 제공하면 된다.

4.3 햄스터와 함께 운동

햄스터가 주인에게 익숙해지고 신뢰하게 되면 운동을 시켜줘야 한다. 작은 집 안에서만 평생 지내게 하면 햄스터가 너무 스트레스를 받을 수 있다. 햄스터를 집 밖으로 꺼내줄 때는 꼭 원칙이 되어야 할 조건이 있다. 바로 주인에게 잘 길들어져 있어야 하는 것이 그 조건이다. 운동을 시키기에 가장 적당한 시간대는 저녁때이다. 햄스터는 야행성 동물이기 때문에 저녁이 되면 활발하게 움직인다.

4.4 질병과 치료

가. 감기

원인은 여러 가지 세균이나 바이러스 때문에 생기며, 증상은 코 주위가 젖어있고 식욕이 떨어지며, 잘 놀지 않고 조용해진다. 심하면 숨쉬기 힘들어하고 칙칙거리는 기침을 하기도 한다. 예방 및 치료는 환기가 잘 안 되거나 집이 더러울 때 많이 발생한다.

나. 피부병

가장 흔한 원인은 곰팡이 감염과 세균 감염, 그리고 진드기가 옮을 때이다. 살고 있는 집이 더럽거나 베딩을 오래 동안 갈아주지 않아 잘 생긴다. 증상은 털이 빠지거나 붉게 되고 긁거나 물어뜯기도 한다.

다. 설사

설사를 일으키는 원인은 매우 다양하다. 세균 등에 의한 감염 등이 설사의 원인이 되는 경우도 있지만, 다른 질병의 증상으로 설사가 나타나는 경우도 있다. 대부분 설사의 원인이 되는 것은 먹이에서 비롯되는 경우가 가장 많다. 먹이를 바꾼다거나 지나치게 수분을 많이 섭취한 경우에 나타나는 증상이다.

5. 슈가 글라이더

슈가 글라이더는 미국, 유럽, 일본에서는 이미 널리 알려진 애완동물로 매우 건강할 뿐 아니라 온도변화에도 적응력이 매우 강한 편이다. 이름에서도 알 수 있듯이 슈가 글라이더는 하늘다람쥐 혹은 날다람쥐와 같이 나무 꼭대기에서 한 번 뛰어내리면 양 다리 사이의 비행막을 이용하여 300피트까지 날아갈 수 있는 동물이다.

슈가 글라이더는 마치 캥거루와 같이 주머니에서 새끼를 키우는 특성이 있다. 해바라기 씨와 야채, 열매, 고구마, 당근, 오이류를 즐겨 먹으며 강아지 사료로 단백질을 보충해 준다. 슈가 글라이더는 인간과 친해지기 쉬운 동물이다. 단 야행성 동물이므로 먹이를 주로 낮에만 주는 방법을 이용하여 생활리듬을 변화시켜 줘야 할 필요가 있다. 슈가 글라이더의 케이지는 가능한 한 높고 큰 형태가 좋다.

6. 양서류 및 파충류

6.1 이구아나 (Iguana)

마치 작은 공룡을 보는 듯한 착각을 일으킬 정도로 독특한 외관을 가지고 있는 이구아나는 보기와는 달리 온순하고 귀여운 초식 파충류이다. 캐나다 남부에서 남아메리카 남단에 이르는 지역에 분포하는데 아메리카 열대 지방에 사는 녹색 이구아나 등 200여 종이 있다. 알에서 갓 깨어난 녹색 이구아나의 몸길이는 17~18cm이지만 1년쯤 지나면 60cm까지 자라며 2년 정도 후 다 자라면 1.8m 이상도 자란다. 따라서 사육을 결심하려면 이구아나의 성장에 충분한 공간을 확보해야만 한다.

이구아나를 구입할 때는 다른 애완동물의 경우와 마찬가지로 이구아나의 특성을 알고 꼼꼼히 따져보아야 할 필요가 있다. 국내에 들어와 있는 대부분의 이구아나는 녹색 이구아나이므로 몸의 색이 선명한 녹색을 띄는 것이 건강한 개체이며 다 큰 이구아나보다는 어린 이구아나를 구입해야 환경변화에 쉽게 적응할 수 있다.

케이지는 넓을수록 좋다. 관상하기 쉽도록 시판되고 있는 어항 등에 베딩을 깔고 사육한다면 무난하다. 그리고 이구아나는 은신처를 필요로 하는 특성에 따라 몸을 숨길 수 있는 공간을 만들어주는 것도 잊지 말아야 한다.

녹색 이구아나는 야채와 과일 그리고 작은 곤충류 등 주는 대로 다 잘 먹는 편이다. 그리고 일광욕을 위한 적외선 등을 준비하여 적절하게 켜주면 일광욕 대용으로 좋다. 이구아나와 사귀기 위해서는 목 부분을 살며시 잡은 다음 목 부분을 천천히 쓰다듬는 행동을 매일 해주는 것이 좋다. 사람과 잘 사귄 이구아나는 외부의 자극에 놀라지 않고 주인과 잘 어울리게 된다.

6.2 청거북

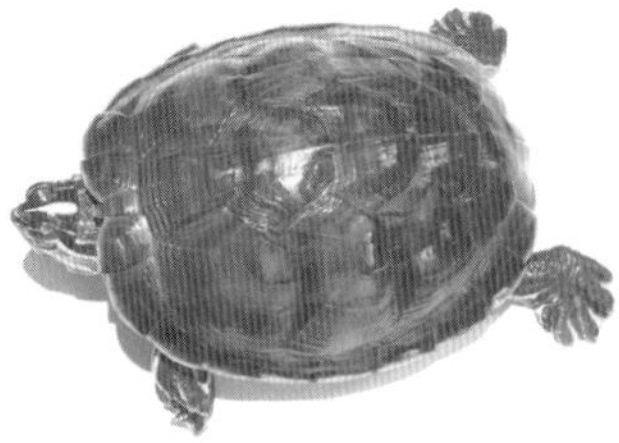

거북은 파충류의 일종으로 중생대 이래 거의 형태 변화 없이 살아온 강건하면서도 온순한 동물이다. 육상과 바다에 사는 종으로 크게 나뉘며, 대부분 적도 부근에 살지만, 온대지방에 사는 종도 있다. 우리가 쉽게 구입할 수 있는 청거북은 늪거북의 일종으로 북아메리카 산 아카미미와 키바라 거북의 자손으로 물 속과 육지 양쪽에서 모두 생활하며 발가락 모양이 분명한 데다 발가락 사이에 물갈퀴가 있다.

청거북은 수온이 23~30℃로 유지되고 충분한 일광욕을 할 수 있는 조건에서는 놀라운 속도로 성장한다. 그러다 보니 새끼 때의 귀여운 모습을 쉽게 잃는 경향도 있다. 수컷은 꼬리 끝 쪽에 항문이 있고 암컷은 그보다 더 몸 쪽 다시 말해 몸과 꼬리가 붙은 부분쯤에 항문이 있어 암수 구분이 쉬운 편이다.

케이지는 주로 어항을 사용하며 항상 물 속에 잠겨있도록 하는 환경은 거북의 성장에 도움이 되질 못 한다. 반드시 물 밖으로 나와 휴식과 일광욕을 할 수 있는 공간을 마련해 주어야 한다. 따라서 물을 깊게 만드는 것은 별로 안 좋다. 거북은 잡식성이기 때문에 아무거나 주는 대로 잘 먹지만 시판되고 있는 청거북 사료를 사용하면 간편하다.

거북은 배설물에는 독특한 독성이 있어 케이지 내의 물이 오염되기 쉽다. 거북의 강한 체질 덕에 큰 해는 없겠지만 미관을 위해서라도 자주 청소해 주는 것이 좋다. 청거북은 애완용으로는 물론 방생용으로 많이 팔려나가고 있다. 거북의 서식처는 우리나라의 기후와는 맞지 않기 때문에 방생에는 적합하지 않다.

7. 관상어류

7.1 열대어 기르기

열대어는 문자 그대로 열대지방이나 아열대지방에서 서식하는 관상어를 말한다. 대개는 담수어지만, 그 중에는 바다나 강의 교차점에서 서식하는 반염수(기수)의 물고기도 다소 포함되어 있다.

관상용의 물고기이므로 색상이 예쁠 것, 건강할 것, 수조에서 사육이 가능한 크기일 것, 체형이나 습성이 재미있을 것 등의 조건이 있으며 열대지방에 산다고 해서 모든 물고기가 관상에 적합하다고 말할 수는 없다. 또한 애호가의 취미에 따라 그 조건도 여러 가지로 달라질 수 있다.

현재 세계 각국에서 애완 사육 및 연구용으로 이용되는 종류는 2만 여종이며 관상용으로 사육되고 있는 것은 약 1천 여종으로 알려져 있으나 매년 인위적으로 개량시키고 미개척지로부터 발견되는 신종이 소개되어 그 수는 증가 추세에 있다. 우리나라에 소개되어 있는 종류는 확실한 통계는 없으나 1백 여종에 가까운 것으로 추정된다.

열대어의 원산지는 크게 중남미, 아프리카, 동남아시아로 나눌 수 있다. 중남미는 아마존강을 중심으로 많은 열대어가 서식하는 것으로 유명하며 특히 카라신과의 물고기가 많이 살고 있다. 한편 아프리카는 대륙이 열대에서 아열대로 위치하고 있으므로 열대어의 종류도 대단하며, 특히 콩고강에는 시클리드과의 물고기가 풍부하게 서식하고 있다. 이곳에는 아직 미개척지가 많아 진귀한 물고기도 많으리라고 추측된다. 동남아시아도 열대어가 많은 지역으로 인도, 말레이지아 반도, 인도네시아 제도에 많은 수가 서식하고 있다.

사육을 위한 준비로 수조, 히터, 자동 온도 조절기, 에어펌프, 수온계, 조명기구, 순환 여과 장치 등을 들 수 있다.

가. 수조

열대어를 기르기 위해서는 역시 열대어가 살아가는데 필요한 환경을 만들어줘야 한다. 따라서 여러 가지 장치를 설치할 수 있는 공간이 있어야 하고 수압에 견딜 수 있는 강도를 지닌 수조가 필요하다.

가정에서 열대어를 기를 경우, 가장 일반적으로 이용되고 있는 수조의 크기는 길이 60cm, 높이 36cm, 폭 30cm의 것으로, 이것을 표준으로 삼아 그 전후의 것을 고르면 될 것이다. 다음은 수조의 설치장소인데, 저녁 햇빛이 비치는 장소나 사람의 출입이 잦은 문의 근처는 피하도록 한다. 특히 일반 관리를 고려하여 우선 전원에 가까운 곳, 물갈이가 편리한 곳, 이 두 가지를 염두해 두고 각각의 가정에 맞는 설치 장소를 골라야 한다. 수조를 놓는 곳에는 가능한 한 수조 받침대를 이용하도록 한다.

나. 히터, 자동 온도 조절기

열대어를 기르는 경우 물의 온도는 25℃가 적당하다. 물고기의 종류에 따라서는 더 낮은 20℃가 적정 수온이라는 경우도 있지만, 물의 온도를 일정온도로 유지하는 것이 매우 중요하다. 따라서 여기에 필요한 것이 히터와 보온기구이다. 히터는 전열기를 말하는 것으로, 물의 온도를 높여주는 기구이다.

다. 에어 펌프

에어 펌프는 수조 안의 물을 교환하면서 동시에 수중에 산소를 공급한다. 에어 펌프의 종류로는 바이브레이터식과 모터식 두 가지가 있다. 바이브레이터식은 전자석에서 생기는 진동을 이용해서 작은 고무 주머니속의 공기를 송출하는 장치로 소비전력도 매우 적고 가격도 저렴하여 가정용으로는 바이브레이터식이 적당하다.

라. 수온계와 조명기구

열대어를 기르는 데는 항상 수조 속의 물 온도를 파악하기 위하여 수온계를 설치한다. 수조의 측면에 접착시키는 타입과 수면에 뜨는 타입의 두 종류가 있다. 조명기구에는 형광등만이 아니라 백열전구도 있지만 여러 가지 측면을 고려해 볼 때 형광등이 일반적으로 널리 이용되고 있다. 조명의 강도는 표준적인 홈사이즈의 수조에서 20W의 것이 적당하다. 또한 설치장소는 정면 윗부분이 좋으며, 이유는 수조 속의 물고기나 수초의 색이 가장 선명하게 보이기 때문이다.

8. 관상조류

8.1 깃털 손질하기

깃털정리가 되어 있지 않은 새들은 멀리 날아갈 수 있기 때문에 새들의 안전과 미아가 되는 것을 방지하기 위해서 주기적으로 깃털정리를 해주시는 것이 좋습니다. 실내에서 사람과 함께 사는 새들의 깃털을 정리해 주는 것이 자연스러운 일이고, 새들을 편안하게 살 수 있도록 배려하는 조치 중의 하나입니다.

8.2 다리밴드

다리밴드는 브리더들이 새를 구별하기 위해서 발목에 감아주는 것이다. 일단 새를 구입하면 다리밴드를 제거해 주셔야 한다. 다리밴드가 종종 다리가 부러지거나 삐는 외상을 초래하기 때문이다.

8.3 부리와 발톱정리

애완용 새의 부리와 발톱은 생각보다 길게 자란다. 야생의 새들은 거친 자연환경 속에서 자연스럽게 발톱과 부리를 다듬어지지만, 애완용 새의 경우는 환경의 차이 때문에 발톱과 부리가 자라나게 되어 주인이 하나하나 신경을 써줘야 한다.

새의 발톱은 1회용 전기소락기를 이용해서 다듬어 주는 것이 좋다. 발톱을 다듬어 주다가 피가 나게 되면 우선 새를 움직이지 못하도록 붙잡고 피가 나는 부분을 꾹 눌러 지혈 후 지혈제나 가정용 전분을 뿌려서 지혈을 해줘야 한다.

8.4 새의 주거환경

새장 안에는 일반적으로 횃대와 먹이통, 물통 그리고 둥지를 넣어줘야 한다. 새를 키우는 사람들은 대개 새장을 다용도실이나 테라스에 걸어두는 경우가 많지만, 새의 성격에 맞추어서 자신이 좋아하는 공간을 찾아주는 것이 좋다. 조용한 곳에서 사색하는 것을 좋아하는 새들도 있고, 주변환경을 관찰하면서 일상의 한 부분이 되고 싶어 하는 새들도 있다. 대부분의 새들은 조용한 공간을 좋아한다.

8.5 새장 가려주기

천을 덮어주는 방법의 가장 큰 장점은 이른 아침 새가 지저귀거나 활동하여 주인의 수면을 방해하는 것을 예방할 수 있다. 그리고 두 번째 장점은 새의 사생활을 보호해 줄 수 있다. 마지막으로 급격한 온도변화를 막을 수 있는 장점이 있다.

8.6 손노리개

십자매나 다른 새들은 앵무처럼 손노리개로 길들이기 어려운 새들이지만 앵무는 어릴 때부터 길들인다면 쉽게 손노리개로 키우실 수 있다. 앵무가 자라서 날 수 있을 정도가 되면 날개를 잘라줘야 한다. 그렇지 않으면 밖으로 날아가 버리기 때문이다. 처음부터 앵무새가 주인의 어깨 위에 앉는 것은 아니다. 우선은 손 위로 올라올 수 있도록 훈련을 시키세요. 앵무새가 횃대 위에 앉아 있으면 손가락을 가볍게 가슴에 갖다 대는 행동을 매일 반복하면 앵무새가 가볍게 손가락 위로 올라앉을 것이다. 손가락 위에 자연스럽게 올라앉게 되면 어깨 위에도 가볍게 올라서 주인과 함께 외출할 수도 있다.

8.7 애완조류의 먹이

새들의 먹이로는 곡물과 시판되는 사료, 야채 및 과일 등을 함께 급여해야 한다. 새들도 비타민이 필요하다. 수용성 비타민을 새들에게 공급하실 때는 곡물이나 씨앗사료와 섞어주지 않도록 해야 한다. 새들은 원래 곡류를 먹을 때는 털어서 먹는 습성이 있기 때문에 결국 비타민을 섭취할 수 없기 때문이다. 오징어 뼈나 굴껍질 등에는 무기질이 함유되어 있으므로 필요에 따라서 급여하는 것도 바람직하다. 유제품, 특히 우유는 절대로 급여해서는 안된다. 새들은 T-임파구가 없기 때문에 Coli-form bacteria에 감염될 위험성이 매우 크다.

제4장

동물과 놀이오락 문화

국가별로 자국의 반려동물 산업에 대한 규모(개체수)를 추정하려는 노력이 다양한 방법으로 진행 중이지만 정확한 수치를 파악하기는 한계가 있다. 미국(2020년 기준)의 경우, 가정에서 키우는 개는 7,921만 마리, 고양이는 9,002만 마리로 추정하고 있다. 또한 미국의 개와 고양이를 포함한 반려동물 산업의 시장규모는 2019년에는 957억 달러이었고, 2020년에는 전년 대비 3.4% 성장한 990억 달러로 예상하고 있다.

애완동물은 인간이 정서적으로 의지하기 위해서 집에서 기르는 동물을 의미한다, 인간에게 즐거움을 주고 귀여움을 받는다는 의미에서 사용된「애완동물」이라는 명칭이 동물이 사람과 더불어 살아가는 반려자라는 인식이 확산되면서「반려동물」로 불리고 있다. 2014년 1월부터 동물등록제가 시행됨에 따라 반려동물에 인식이 제도적으로 정착되고 있다.

또한 북미 서부에서 유행했던 로데오 경기에 사용되는 동물들, 물소싸움 그리고 동물과 함께 하는 다른 스포츠들은 많은 이들에게 경제적 이익을 창출해줄 뿐 아니라 오락과 많은 놀이문화를 제공한다. 동물은 인간에게 즐거움을 주는 애완동물도 있지만, 사람들과 함께하는 다양한 놀이 방법을 제공하기도 한다.

1. 경견(Hound Racing)

가. 경견의 정의

1876년 영국에서 처음 시작된 경견은 1920년 미국에서 경기 원칙이 정해진 최초의 경견 경기가 진행되었다. 그 후 1926년에 영국에 전파된 후 세계 전역으로 경견이 확산되었다.

경마와 비슷한 경견은 하운드종에 속하는 1살 정도의 어린 개를 달리게 하여 승부를 가리는 성인들의 레저로 경기전 개의 입을 막고 번호표를 달아 앞이 막힌 출발선에 가두었다가 출발신호와 함께 차단막을 올려 달리게 하여 우열을 가린다. 트랙 안쪽에는 토끼 모양의 지시자를 설치하고 토끼모형이 개보다 약간 빠르게 트랙을 돌면 개들이 이 토끼모형을 따라 뛰게 된다.

나. 경견의 종류

그레이하운드(Grey hound), 아프간하운드(Afghan hound), 휘핏(Whippet) 등 하운드종을 많이 이용한다.

2. 개싸움(Dog fighting)

개와 개가 싸우는 경기인 투견 경기는 고대부터 다양한 지역에서 행해졌으며, 일본에서는 고치현과 아키타현에서 행해졌다. 현재의 도사견은 고치현에서 생겨났고, 아키타현에서는 아키타견이 투견 경기를 위해 만들어졌다. 미국에서는 도박의 일종으로 투견을 하였으나 지금은 인도적 관점에서 법적으로 금지하였다. 지금은 일본을 제외하고 대부분 지역에서 투견은 동물 학대로 간주하여 법적으로 금지하였으며, 우리나라도 2018년에 투견 금지법이 제정되어 시행 중에 있다.

불독(Bulldog), 불 테리어(Bull Terrier), 그레이트 덴(Great Dane), 도사견, 아키타견 등이 투견에 적합한 견종으로 이용되고 있다. 외국에서는 대형의 투견을 마치 권투와 같이 중량별로 나눠 싸우게 했다.

3. 소싸움(斗牛)

소싸움은 우리나라의 전통 민속놀이로 주로 경상남도에서 행해지는 친근하면서도 박진감 넘치는 놀이이다. 소싸움은 강원도, 황해도, 경기도 일부에서 행해지기도 하지만 진주, 함안, 의령, 마산, 김해, 밀양, 청도 등지에서 해마다 성황리에 이루어지고 있다. 소싸움은 수소끼리의 싸움이며 그 기원은 정확하게 모르지만, 우리 농경사회가 소를 기르기 시작할 때부터 한 마을에서 목동들이 수소끼리의 싸움을 붙이기도 하고 이웃 마을의 소와도 싸움을 붙이면서 자연스럽게 시작되었을 것이다. 우리나라는 농경문화였기에 농사를 짓는 곳에는 소가 있고 소가 있는 곳에는 소싸움이 존재했을 것이다.

이 같은 자연발생적인 소싸움이 점차 농촌 사람들의 흥밋거리가 되고 승부의 식으로 작용 되어 농촌사회의 발전과 더불어 마을과 마을과의 소싸움 또는 지역과 지역의 대항전 또는 힘센 소들끼리의 승부전으로 변해 하나의 농촌풍속이 되었다.

소싸움은 때로는 군 전체로서의 소싸움으로 간혹 면 단위, 마을 단위의 소싸움이 되기도 했다. 이는 비지땀을 흘렸던 농민들의 위로 잔치가 되고 농촌사회의 고충을 서로 이해하면서 가을의 풍작과 즐거움을 나누는 우리 고유의 축제 마당이기도 했다.

싸움의 시기도 추운 겨울철이나 농사일에 바쁜 농번기를 피하여 곡식이 무르익고 소들이 들판에서 풀을 배부르게 뜯어 먹어 영양과 운동 근육의 활력이 왕성할 때인 7월 백중절이나 추석절의 명절과 연결되어 실시하게 되었으며 농작물의 풍작을 즐기는 농촌사회의 축제와도 같은 풍속으로 정착하게 되었다.

소싸움의 장소로는 여러 사람이 모일 수 있는 넓은 모래사장이나 풀밭을 활용하였고, 장소가 미리 정해지면 음식 장사들은 막걸리를 비롯한 돼지고기와 나물 등의 푸짐한 향토 음식들을 차려놓고 구경꾼들을 맞이하였다.

소싸움에서 이기는 것은 큰 자랑거리기에 주인은 송아지 때부터 특별한 관심으로 싸움소를 기른다. 싸움소의 체력을 보강하기 위하여 1년 전부터 보양식인 미꾸라지, 호박 심지어 십전대보탕을 먹이며 체력을 단련시킨다.

소싸움 운영은 싸움을 붙이는 사람과 심판으로 이루어져 있다. 징 소리와 함께 '고삐'와 '코뚜레'를 푼 싸움소들이 전쟁터의 장수들처럼 의기양양한 주인에게 이끌려 우렁찬 목소리를 지르면서 싸움터의 이곳저곳을 돌고는 자기 편 관중들로부터 둘러싸여 격려와 쓰다듬을 받고 있는 풍경은 "農者天下之大本"임을 상징하는 축제라는 것을 실감케 해준다.

경기장 문이 열리면 싸움터에 나간 싸움소는 평소의 온순하고 우둔해 보이던 것과는 달리 일격에 적을 무찌를 듯이 용감한 공격 자세로서 잠깐 동안 상대를 응시하다가 순간적으로 급소와 허를 찌르고 뿔과 뿔이 부딪치면서 둔탁한 소리와 함께 상대를 밀어붙이고 밀리기도 하며 연신 콧김이 뿜어져 나온다. 모래사장과 풀밭은 소들의 험악한 격투장으로 변한다.

뿌연 모래 먼지가 일어나고 관중들의 흥분의 함성소리와 함께 주인이 곁에 서서 "받아라" "찍어라" "이러이러"하는 소리에 싸움소들도 있는 힘과 용기를 다하여 '뿔걸이' '옆목치기' '들치기' 등의 본능적인 공격을 계속하면서 밀어붙인다. 약한 쪽이 싸움을 포기하고 달아날 때까지는 몇 분 사이가 되는 것이 보통이지만 길게는 수 십분의 시간이 소요되기도 한다.

싸움의 승패는 소의 동작으로도 미리 알 수가 있다. 달아날 방향을 찾아보려는 듯이 옆 눈동자를 굴리거나 꼬리를 흔들고 뒷배가 들쭉날쭉하면서 똥을 싸거나 입에 흰 거품을 내뿜는 소는 겁을 먹고 자신을 잃은 표시로 대부분 싸움에서 지게 된다. 결국 미리 정해둔 승패 요건에 따라 무릎을 꿇거나 넘어지거나 밀려 도망가면 패한 것으로 본다.

싸움에서 이긴 소는 목과 뿔을 비단과 들꽃으로 장식하기도 하여 주인이 등에 타고는 온 마을사람들이 춤을 추고 농악을 울리고 길을 누비면서 개선하는 군사들처럼 유유히 마을로 돌아오는데 주인집에서 마련한 음식으로 마을잔치가 이어지면서 밤이 깊을 때까지 축제 분위기에 젖기도 했다.

현재 우리나라 소싸움은 경북 청도, 경남 진주, 밀양, 의령, 함안 김해 등 지역이 국한되어 행해지고 있다.

4. 투우(鬪牛, corrida de toros)

투우 경기는 신석기 시대부터 시작되었다고 알려져 있을 정도로 그 유래가 깊고 오래된 하나의 예술로서 오랜 옛날 신에게 수소를 바쳤던 그 의식에서 비롯된 투우가 지금은 과거의 문화와 현재의 문화를 이어주는 가장 오래된 인류의 예술로 남아 있는 것이다.

1492년 콜럼버스의 아메리카 대륙 도착을 계기로 500년의 역사를 통해 멕시코인의 전통 민속문화로 내려오고 있으며, 멕시코인에게 축구와 더불어 최고의 자긍심을 갖게 하는 전통문화이다. 로마 시대에 이르러 현재의 원형이라 할 수 있는 규칙과 원형 경기장이 생겨나기 시작했고, 세계에서 가장 큰 투우장은 현재 6만 4천명을 수용할 수 있는 세계에서 가장 큰 투우 경기장인 멕시코 프라자를 비롯하여 전역에 투우 경기만을 위한 전용 경기장이 100여 개 있다.

심판자가 흰 스카프로 신호를 보내면 트럼펫과 북에 의한 팡파르가 울린다. 시합 전 24시간 동안 암흑 속에 갇혀 있던 투우는 작렬하는 태양과 빨간 망토에 극도로 흥분하여 거칠게 달려들기 시작한다. 이때 마타도르(matador, 투우사 주역)는 순간적으로 투우와의 싸울 전략을 판단하고 세워야 한다. 블루라델로라는 조연이 등장하여 카포테라는 빨간 천을 휘두르면서 소를 흥분시키고 말을 탄 피카도르(picador)가 등장하면 사라진다. 피카도르는 짧은 침이 박힌 창으로 황소를 찔러 더욱 흥분케 한다. 데리에로는 반데리아로 장식한 가시가 박힌 투창 세 쌍을 몸을 날리듯이 재빨리 움직여 투우의 어깨와 목에 순간적으로 꽂으며 최고조의 분위기를 만든다. 이때 투우는 더욱 거세게 덤비고 장내는 흥분의 도가니로 빠져든다. 마타도르는 15분 동안 케이프(망토)를 파스하는 기술, 고전적 무용과도 같은 우아미, 그리고 죽음을 두려워하지 않는 용기 등이 황소를 압도하고 있음을 증명하고 그의 칼과 적색 케이프를 들고 심판석 앞으로 걸어가서 황소를 죽일 수 있는 정식 허가를 요구한다. 관중의 시선을 한 몸에 받으며 벌이는 5분 동안의 숨 막히는 정면 대결은 투우에게 절정의 칼을 꽂는 것으로 투우 경기는 종료된다.

5. 폴로(Polo)

말(Polo pony라고 불리는 조랑말)을 탄 경기자가 자루가 긴 말렛(mallet)이라는 나무망치로 역시 나무로 만든 공을 서로 치며 몰고 들어가 상대방 골대 사이에 넣는 경기이다.

가. 폴로의 역사

BC 600년경에 페르시아 지방에서 보급되었던 쇼간(chaughan)이라는 경기(스틱으로 공을 서로 치며 겨루던 경기)가 폴로의 원형이라고 전해지고 있다. 쇼간은 이집트, 터키, 중앙아시아를 거쳐 중국에까지 보급되었다. 명칭은 풀루(pulu: 공이라는 뜻)라는 티베트 지역의 말에서 기원하였다.

폴로를 근대적 스포츠로 발전시킨 것은 영국군이다. 1862년 인도에 파견되었던 영국 기병 제10연대가 이 경기에 흥미를 가지고 후에 본국으로 돌아와 경기를 통해 선을 보인 것이 계기가 되어 신사와 군인 계급의 스포츠로 인기를 차지하게 되었다. 그러나 이 경기에 쓰이는 품종인 폴로포니를 찾기가 어려워 경기의 활성화에 한계가 있었다.

나. 폴로의 경기 방법

선수들은 1팀 4명으로 구성된다. 선수 중에 1번과 2번이 포워드(forward), 3번이 하프백(halfback), 4번이 백(back) 역할을 한다. 경기장의 넓이는 세로 250~300yd (약 228.5~274.2m), 가로 160~200yd(약 146.3~182.8m)이고, 대개 양옆에는 낮은 울타리를 친다. 공은 보통 버드나무 뿌리로 만든 것을 사용한다.

경기시간은 7분 30초씩 8회를 행하며, 각 회 사이에 3분간의 휴식시간이 있다. 경기를 개시할 때 양 팀은 자기 진영 골포스트 뒤쪽에 정렬해 섰다가 신호와 함께 포워드가 중앙에 놓인 공을 향해 돌진한다. 득점은 골인 한 번이 1점이고, 반칙이 있으면 득점의 절반을 깎는 엄격한 경기 원칙이 있다.

주요 반칙은 ① 공을 말렛 이외의 것으로 막는 일, ② 말의 엉덩이를 두들기는 일, ③ 상대방 몸을 밀치는 일, ④ 쌍방이 공을 향해 접근할 때 서로 자기의 오른쪽으로 공을 보며 플레이하는 규칙을 위반하는 일, ⑤ 공이 상대방 말과 같은 쪽이거나 또는 바로 뒤에 있는 경우 외에 상대방의 말렛을 자기의 말렛으로 걷어내거나 걸어당기는 일 등이다.

6. 닭싸움

닭싸움은 닭끼리 싸움을 붙여서 이를 보고 즐기거나 내기를 거는 민속놀이이다. 싸움을 잘하는 수탉을 길러서 싸움을 시키는데, 수탉의 힘이 세지라고 고기를 먹이는 일도 있다. 닭이 싸울 때는 부리로 상대 닭을 찍고 물고 늘어지는데, 볏에 유혈이 낭자한데도 지지 않으려고 전력을 다한다. 서로 찍으려고 몸을 부딪치고 높이 뛰어서 상대편 볏을 노린다.

싸움닭의 종류에는 샤모(인도산), 한두(일본산), 우두리(한두와 재래종 간 교잡종) 등이 있고 싸움닭은 반드시 수탉이어야 한다. 닭싸움의 규칙은 싸움 도중에 닭이 주저앉거나 서 있더라도 주둥이가 땅에 닿으면 지게 된다.

제2편

동물과 생명공학

제5장

동물생명공학

1. 서론

1997년 영국의 Roslin 연구소의 Wilmut 박사 연구팀은 자연과학에 있어 생물학적으로 매우 획기적인 동물을 인위적으로 탄생시켰다고 보고하였다. 이 동물은 복제양 dolly로서 지금은 이와 비슷한 방법에 의하여 소, 돼지, 생쥐, 등에서도 성공하였으며 국내에서도 복제소와 돼지가 탄생하였다. 그리고 지금은 단순한 복제동물의 생산이 아니라 유전자 조작된 소와 돼지 등이 탄생하는 시대가 시작되었다. 또한 같은 년도에 미국 Johns Hopkins 의과대학의 이세진 박사 팀은 하나의 유전자를 인위적으로 조작하여 근육이 두 배가되는 소를 탄생시켰다. 세포조작과 유전자 조작에 의한 새로운 동물의 생산은 지금까지 설명되어온 생물학의 이론을 바꾸는 것이었으며 이러한 결과는 동물생명공학기술의 발달에 기인한 것이라 할 수 있다.

동물생명공학기술은 오늘날 신문지상에 발표되는 어떤 단어보다도 희망과 공포를 동시에 불러일으키고 있다. 즉, 복제동물의 성공적 생산은 신의 영역을 침범한다고 할 수 있으며 또한 쥬라기 공원과 같은 영화에서 공룡시대의 화석으로부터 DNA를 추출하여 멸종된 공룡을 탄생시킬 수 있는 것이 현실화될지도 모른다. 한편으로 동물생명공학의 발전은 인간 발생에 대한 기본 기능의 이해에서부터 질병의 원인까지 분자적 수준에서 이해하게 되어 질병퇴치의 지름길이 될 수 있으며 인간 삶의 연장과 질을 높일 수 있는 방법이기도 하다. 이러한 동물생명공학기술이란 무엇인가? 우리는 어떠한 혜택을 얻을 수 있는가? 라는 의문을 누구든지 가져 보았을 것이다. 동물생명공학 기술은 동물을 이용하여 유용한 생산물을 만들거나 생체, 유전체 또는 그 들로부터 유래되는 물질을 연구 활용하는 학문과 기술을 총칭한다 할 수 있다. 이러한 동물생명공학 기술은 생물체에 주어진 유전형질을 인위적으로 변형, 개조시켜 새로운 형질을 가진 생물체를 만들어 내는 기술인 유전공학의 발달이 매우 중요한 부분을 담당하고 있다. 이러한 생명공학기술은 동물산업에 있어서 육류, 우유, 계란, 모직물의 품질을 개선하고, 질병에 대한 저항이 향상된 동물을 탄생시킬 수 있으며, 가축의 번식능력 향상에도 이용될 수 있다.

이와 같은 생명공학의 발전은 원시시대부터 인간이 동물과 같이 공존하면서 동물을 이용하는 기술의 발전 즉, 야생의 동물을 가축화하여 유용한 부산물을 이용하는 기술의 발전에 따라 동물을 지배하는 것에서부터 시작되었다고 하여도 과언이 아니다. 이와 같이 동물을 지배함으로써 얻어지는 많은 생산물로 인해 인류는 풍요로운 삶을 누릴 수 있게 되었고, 동물세계 속의 영장류로써 확실한 위치를 확보할 수 있었다. 하지만 시간이 흐름에 따라 인류의 욕구는 단순한 동물의 생산물을 얻는 것에 그치지 않고 좀 더 많은, 좀 더 질이 좋은 그리고 인류이외의 생명체로부터 새로운 생산물의 개발을 시도하게 되었다. 따라서 인류는 동물의 식성, 관습, 행동, 생리 및 번식 등을 연구하기 시작하였고 이러한 연구의 축적은 생명과학이 태동하게 되는 계기가 되었던 것이다. 이러한 발전이 인간의 욕망을 자극하여 생명과학은 빠른 진보로 신의 영역이라고 말할 수 있는 생명의 창조에까지 도달하게 되었다. 즉 오늘날 인간의 힘으로 시험관내에서 생명을 창조하는 등 자연의 순리에 대한 시간과 공간을 무시한 채 태동하게 하는 것은 바로 생명공학의 힘인 것이다.

현대 사회는 하루가 다르게 과학문명이 발달하여 신에 의한 생명의 탄생을 과학의 힘에 의하여 질적으로 양적으로 자유롭게 만들어 내고 연구해 가고 있다. 이와 같은 생명공학(Biotechnology)의 기초적인 영역에는 유전자 재조합기술, 체외수정, 인공수정, 수정란 이식 기술, 핵이식기술, 세포 융합, 유용한 유전자를 생식세포에 주입하는 기술 등이 있으며, 이러한 최첨단 기술을 이루어 내는 동물생명공학이 탄생하기 위해서는 발생학, 생화학, 세포를 기초로 한 세포생물학, 유전자와 분자적 수준에서 생명현상을 이해하려는 분자생물학의 이론과 기술이 기본적으로 선행되어 발달해야만 한다.

2. 동물생명공학 발달

생명공학의 기원은 역사를 거슬러 올라가 1665년 영국의 과학자인 Robert Hooke가 현미경으로 코르크을 관찰하다가 벽으로 둘러싸인 작은 공간을 세포(cell)라고 묘사하면서부터 시작되었다고 하여도 과언이 아니다. 그리고 1865년 오스트리아 과학자인 멘델이 완두콩의 색깔과 주름이 유전된다는 사실을 처음으로 규명하여 유전의 법칙을 주장하였으며 유전학의 기초를 세웠다. 그러나 이 당시 멘델은 이러한 현상이 유전자에 의하여 이루어진다는 사실을 모르고 있었다. 멘델의 유전 법칙이 알려진 후 45년이 지나서야 미국의 유전학자 모건(Tomas Hunt Morgan)이 초파리의 교배실험에서 우연히 자손에서 나타나는 표현형은 염색체에 의하여 결정된다는 유전의 염색체설을 발표하였다. 염색체(chromosome)는 세포핵이 두 개로 나누어지기 직전 즉, 유사분열 할 때 관찰되는 막대모양의 구조를 가지고 있으며 염기성색소로 잘 염색된다. 모든 생물 종은 특정한 수의 염색체를 가지고 있으며 사람은 부계와 모계로부터 각각 23개의 염색체를 받아 전체 46개 즉, 23쌍의 염색체를 가지고 있다. 이러한 유전의 염색체설이 발표되기 이전 세계의 또 다른 곳에서는 현재 생명공학에 있어서 매우 중요한 발견이 이루어지고 있었다. 이것은 DNA(deoxyribonucleic acid)의 발견으로 1869년 스위스의 젊은 과학자 미셔(Johann Miescher)는 세포의 핵에 있는 화학물질 중에 인을 함유한 산(acid)을 분리하였으며 이를 핵산이라고 명명하였다. 그러나 이러한 중대한 발견도 그 당시에는 75년이라는 세월이 흐른 뒤에야 그리피스(Fred Griffith)

와 에이버리(Oswald Avery)라는 두 명의 과학자에 의하여 1928년과 1944년에 연속적으로 DNA가 유전물질임이 증명되었고 그 중요성이 인정되었다. 이러한 유전학과 화학을 기초로 한 유전물질에 대한 발전은 1930년대와 1940년대에 걸쳐 놀랄 만한 발전이 거듭되어 유전물질은 세포의 핵안의 염색체에 존재하며 그 유전물질이 DNA라는 사실이 보편화되었고 과학자들은 DNA자체에 대한 분자구조 해석에 관심을 가지게 되었다. 즉, 이 시점은 생명현상의 원리를 이해하기 위하여 세포의 연구에서 세포내 화학물질 연구로 연구자들이 집중된 시기라고 할 수 있다. DNA는 기본적으로 그 기본골격을 이루는 당, 인산, 그리고 4종류의 염기로 구성되어 있으며 그 4종류의 염기는 구아닌(guanine), 시토신(cytosine), 티민(thymine), 아데닌(adenine)으로 구성되어 있다. 그 당시에는 이렇게 단순한 분자가 어떻게 유전물질이 될 수 있으며 무한하게 유전정보를 가지면서 자손에게 전달이 되는가가 매우 중요한 연구 내용 중에 하나였다. 이러한 정보에 대해서 1953년 케임브리지 대학의 젊은 과학자 왓슨(James Watson)과 크릭(Francis Crick)은 연구를 기초로 철사를 구부리고 용접하여 DNA의 분자 모델을 만들었다. 이것이 오늘날 분자생물학에서 기초가 되는 DNA 이중나선모델이다. 이들은 DNA의 모델뿐만이 아니라 어떻게 이들 분자가 복제되어 자손에게 전달이 되는가에 대한 가설을 제창하였다.

이러한 연구를 토대로 유전정보의 전달은 DNA 복제에 의하여 다음 자손으로 전달이 되며 또한 그 발현은 DNA에서부터 RNA전사되고 이 RNA에서부터 단백질로 번역되어 생물체 내에서 중요한 기능적인 역할을 수행하고 있는 것이 밝혀졌다. 이와 같은 유전정보의 발현 원리를 central dogma라고 한다. 분자생물의 원리들이 하나 둘 발견이 되면서 1970년대에는 실험실 내에서 유전자를 자유자재로 다룰 수 있는 기술들이 개발되었다. 즉 유전공학, 생명공학이라는 공학의 기초기술이 탄생한 것이다. 유전공학은 생물체에 주어진 유전형질을 인위적으로 변형, 개조시켜 새로운 형질을 가진 생물체를 만들어 내는 기술이라 할 수 있으며 생명공학이란 생물 특유의 기능적인 유전, 증식, 대사 등을 새로운 물질의 생산이나 검출 등에 이용하는 기술이다. 그러므로 유전공학은 생명공학의 범주에 속한다고 할 수 있다. 1970년대에 들어오면서 유전자 조작에 필요한 효소들이 발견되고 이 효소들을 이용할 수 있는 기술 예를 들면 동물의 유전자를 대장균과 같은 생물체 내로 도입하고 그 유전자를 대량으로 증폭시켜 회수할 수 있는 기술이 개발되어 분자생물학과 생명공학의 발전이 매우 빠르게 일어나게 되었다. 그러나 동물생명공학의 발전은 위에서 언급한 유전자와 유전자를 이용한 기술의 발전만으로 이루어진 것은 아니며 동물의 발생에 대한 연구와 그 기술이 접목되어 발전한 것이다. 그러므로 동물발생에 대한 기술의 발전에 대하여 간단하게 언급하고자 한다.

동물발생에 대한 기술은 초창기 양서류인 개구리에서 활발하게 진행되었으며 실질적인 포유동물의 발생에 대한 연구는 생쥐(mouse)의 초기 수정란 조작이 가능해지면서 매우 급진적으로 발달하였다. 생쥐는 성체라도 체중이 30g 내외이며 성성숙에 필요한 시간은 7~8주로 빠르고 번식이 잘 된다는 점과 유전적 요소가 개체간에 동일하다는 장점이 있어서 포유동물의 발생 실험에서 매우 중요한 실험동물로서 이용되고 있다. 유전정보에 대한 연구가 한창 진행되고 있는 시점인 1950년대에는 생쥐수정란의 채취기술, 체외배양, 대리모 생쥐에 대한 이식기술 등이 개발되었다. 이와 같은 기본 기술의 발달과 함께 수정란 조작기술에 의해 키메라 생쥐가 생산되었고, 수정란의 핵을 제거하고 다른 생쥐 수정란의 핵을 주입하는 핵이식기술의 발달에 의하여 외래로부터 유래된 유전자를 가진 형질전환 생쥐와 복제동물 등이 탄생하게 되었다. 역사적으로 키메라 생쥐는 1960년대에 유전적으로 다른 두 품종 사이의 8세포기 수정란을 서로 응집하여 하나의 개체를 탄생시키는 획기적인 결과로서 발표되었다. 즉, 키메라 생쥐(chimeric mouse)가 세계 최초로 탄생한 것이었다. 또한 1959년에는 생쥐의 난자와 정자를 체외에서 배양하여 수정시키는 체외 수정이 성공하였으며 1978년 사람에게도 적용되었고, 1982년에는 가축인 소에서도 성공하여 지금은 매우 보편적인 기술로 동물생명공학기술의 발전에 기여하고 있다. 1981년에는 수정란의 핵을 제거하고 그 자리에 유전적으로 다른 수정란 유래의 핵을 이식하는 핵이식기술이 성공하였다. 이 시기부터 살아 있는 수정란을 세포레벨에서 자유자재로 조작이 가능한 시대로 급진전하게 되었다. 이러한 연구와 유전자조작에 대한 연구가 발달하면서 이 두 가지 기술이 접목된 새로운 기술이 탄생하게 되었다. 이러한 기술에 의하여 1980-1981년에는 사람 성장호르몬 유전자를 가진 형질전환 생쥐를 Palmiter와 Brinster가 개발하였음을 보고하였다. 위와 같은 방법에 의하여 가축에서는 1985년 형질전환 면양이 탄생하게 되었으며 유전자조작된 동물의 연구가 급속하게 발전하게 되었다. 이와 같은 연구의 진전은 1990년대에 들어서면서 더욱 발전하여 특정한 유전자의 발현을 결손 시킨 유전자적중(gene targeting) 생쥐, 즉 knock-out 생쥐가 탄생하였으며 이와 같은 기술은 현재 가축에서도 적용되어 장기이식돼지의 탄생을 가져오게 되었다. 그리고 1997년에는 생물학의 발전에 큰 획을 긁는 연구결과가 발표되었다. 영국의 Roslin 연구소의 Wilmut 등에 의하여 체세포 복제된 복제 면양이 탄생하게 된 것이다. 또한 같은 해 동일 연구 그룹에 의하여 체세포복제 방법에 의한 형질전환 면양이 탄생하여 체세포복제에 의한 형질전환동물 개발시대가 열리게 되었다. 이와 같은 기술은 면양뿐만 아니라 대가축인 소에서도 1998년 가능하다는 것이 보고되어 동물생명공학의 신기술로 발전하게 되었다.

이러한 동물생명공학의 발전은 유전자의 연구에서부터 기초학문인 생화학, 분자생물학, 발생학, 번식학, 세포생물학, 의학 등의 발전이 가능하였기에 이루어졌으며 현재도 이러한 연구에는 많은 학문의 공동 연구가 필수적으로 여겨지고 있다. 또한 2001년 인간의 위대한 업적의 하나로 인간 지놈 프로젝트의 결과가 발표되면서 이러한 기술은 유전자의 기능연구와 이용이라는 면에서 매우 각광 받고 있는 분야로 발전하고 있다.

3. 생명현상을 지배하는 유전자

3.1. 유전자의 구성

동물, 식물 그리고 미생물 등 지구상의 모든 생물은 각각 방법은 다르지만 자신의 자손을 탄생시키며 자신이 가지고 있는 형질을 그대로 자손에게 전달한다. 옛날부터 자식은 부모를 닮는다고 전해왔으며 코의 형태와 크기, 키, 얼굴의 윤곽 등 매우 많은 부분에서 실제로 부모와 닮아 있는 것을 볼 수 있다. 이러한 부모의 형질이 자손에게 전달되는 현상을 '유전'이라고 하고 이것은 인간뿐만 아니라 식물, 동물을 포함한 지구상의 모든 생물체에서 일어나고 있다. 소규모로 낙농을 하는 어느 노부부는 그 목장에서 태어나는 송아지의 얼굴 모습을 그려두고 그 송아지들이 성장하여 많은 우유를 생산하는 젖소가 어떠한 얼굴 형태를 가지고 있는가를 비교한 결과 우유 생산을 많이 하는 부모의 얼굴과 닮은 자손들이 다량의 우유를 생산하는 것을 발견하였다. 즉, 우유의 생산에 관련된 형질이 우수한 젖소는 그 자손에게도 우수한 능력을 전달한다는 것을 의미하고 이러한 현상은 앞에서도 언급한 유전물질이 그 자손에게 전달되었기 때문이다. 그러면 이러한 유전에 있어서 유전물질은 무엇인가? 그 답은 여러 대중매체를 통해서도 쉽게 접할 수 있는 유전자(gene)이다. 지금까지 형태와 능력뿐만 아니라 음악과 운동에 대한 소질, 질병, 습관까지도 유전자와 밀접한 관련이 있는 것으로 보고되고 있다. 이와 같은 유전자는 많은 연구자들의 연구에 의하여 그 구조가 밝혀졌으며 그 기능들이 하나 둘 알려지고 있다.

유전자를 포함하고 있는 생체 내 물질은 데옥시리보핵산(deoxyribonucleic acid)이라는 물질이며 일반적으로 DNA라고 불리워지고 있다. DNA는 당, 인산, 염기가 기본 구조를 이루고 있고 염기에는 아데닌(adenine), 시토신(cytosine), 구아닌(guanine), 티민(thymine)이라는 것으로 구성되어 있다(그림 1). 그러므로 DNA를 표시할 때 각 염기의 머리글자를 이용하여 A, C, G, T로 표시하는 것이 일반적이다. 이와 같이 네 개의 글자로 이루어진 DNA는 특정한 규칙이 없이 무작위와 같은 방식으로 나열되어 있으며 사람에 있어서는 30억쌍 정도가 되는 것으로 알려져 있다. 여기에서 30억 쌍이라고 이야기하는 것은 A, C, G, T의 염기 배열이 서로 마주보고 쌍을 이루고 있는 것을 의미하며 여기에는 특별한 규칙이 있다. 즉, A는 T와 C는 G와 항상 쌍을 이루어 수소결합에 의하여 연결되어 있으며 이 결합은 유전자를 자손에게 전달하는데 매우 중요한 역할을 하는 DNA 이중나선 구조를 안정하게 만들어 주는 힘이다. 이와 같이 염기가 각각 쌍을 이루고 있는 것을 상보적 결합이라고 하고 이 상보성은 DNA의 정보 저장, 복제, 전사 등에 기여한다(그림 1).

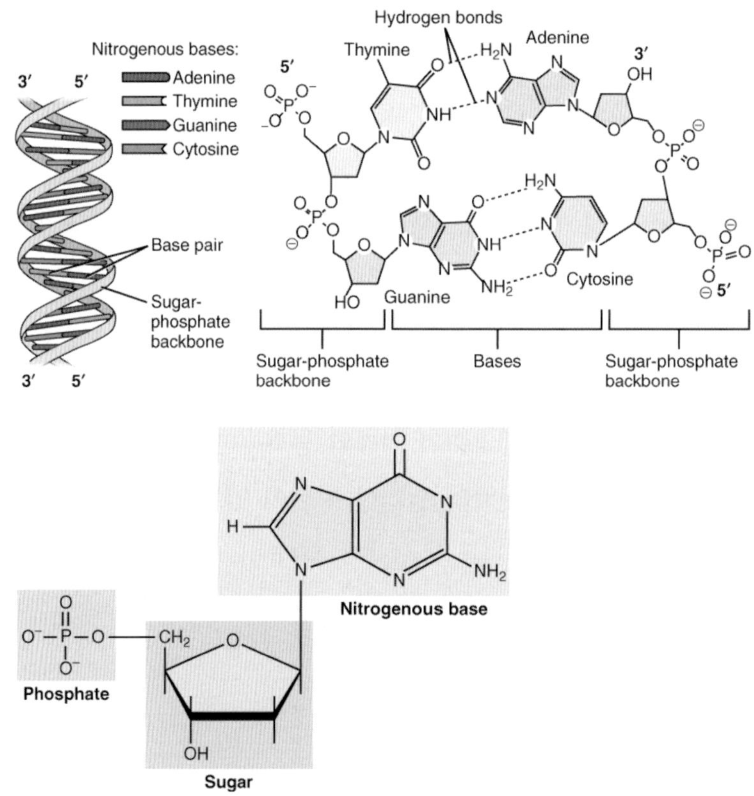

그림 1. DNA Structure

DNA 이중나선 구조는 1953년 케임브리지 대학의 젊은 과학자 왓슨(James Watson)과 크릭(Francis Crick)에 의하여 밝혀졌으며 오늘날 분자생물학에 있어서 매우 중요한 내용이 되고 있다. 30억쌍의 DNA를 책에 표기를 하면 대백과사전 700권의 분량이며 이러한 전체 DNA를 총칭하는 것이 유전체(genome)이다. 유전체는 유전자(gene)와 염색체(chromosome)를 합성한 용어로서 사람에게 있어서는 30억쌍의 유전정보가 담겨 있는 46개의 인간 염색체를 의미하기도 한다(그림 2).

여기에서 유전자에 대한 정의를 이야기하면 유전자는 단백질 등 생체기능을 주관하는 유전정보의 최소 단위로 사람에게 있어서는 2만6천에서 4만개의 유전자가 있는 것으로 추정하고 있다. 그러므로 유전자는 DNA로 구성되어 있으며 유전체에 포함되어 있는 것이다.

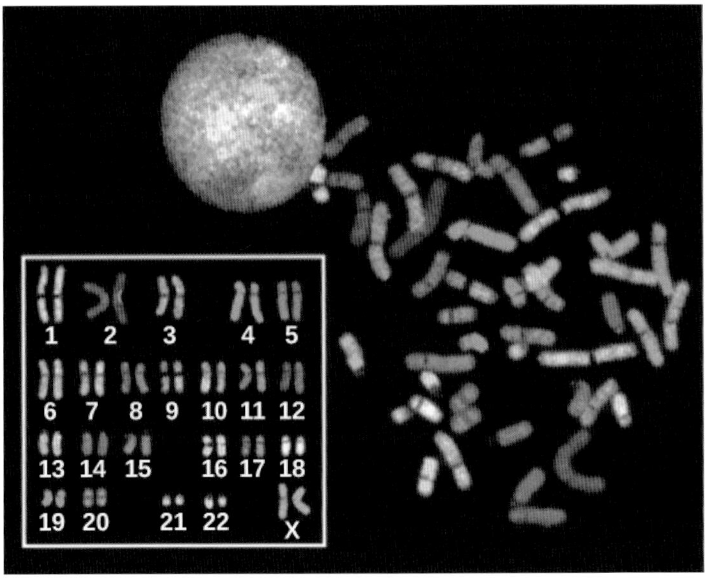

그림 2. There are 23 pairs of homologous chromosomes in a female human somatic cell. These chromosomes are viewed within the nucleus (top), removed from a cell in mitosis (right), and arranged according to length (left) in an arrangement called a karyotype. In this image, the chromosomes were exposed to fluorescent stains to distinguish them. (credit: "718 Bot"/Wikimedia Commons, National Human Genome Research). Download for free at https://openstaxorg/details/books/conceptsbiology.

이와 같이 유전자를 구성하고 있는 DNA는 어떻게 자손에게 그대로 전달이 되는가? 앞에서 언급한 바와 같이 DNA는 A, C, G, T가 쌍을 이루고 있는 이중나선 구조이고 쌍을 이루고 있는 각각의 염기는 수소결합에 의하여 연결되어 있다. 이와 같은 구조를 기본으로 하여 DNA의 복제라는 과정을 거치면 동일한 자손의 DNA가 만들어지게 된다. DNA의 복제는 먼저 이중나선을 구성하고 있는 염기간의 수소결합이 끊어지고 단일가닥 DNA분자를 구성하게 된다. 이들 단일가닥 DNA를 복제에 대한 주형으로 이용하여 각 염기에 상보적인 염기를 순서에 따라 세포내에서 합성하면 각 주형에 따라 새로운 DNA가 합성된다(그림 3, semi-conservative method). 이렇게 되면 한 쌍의 DNA에 대한 동일한 DNA가 합성되어 두 쌍의 DNA가 되며 이중 하나가 그 자손에게 전달이 되는 것이다. 우리가 휴대폰에 있는 음악파일을 복사하여 PC에서도 똑같은 음악을 들을 수 있는 것과

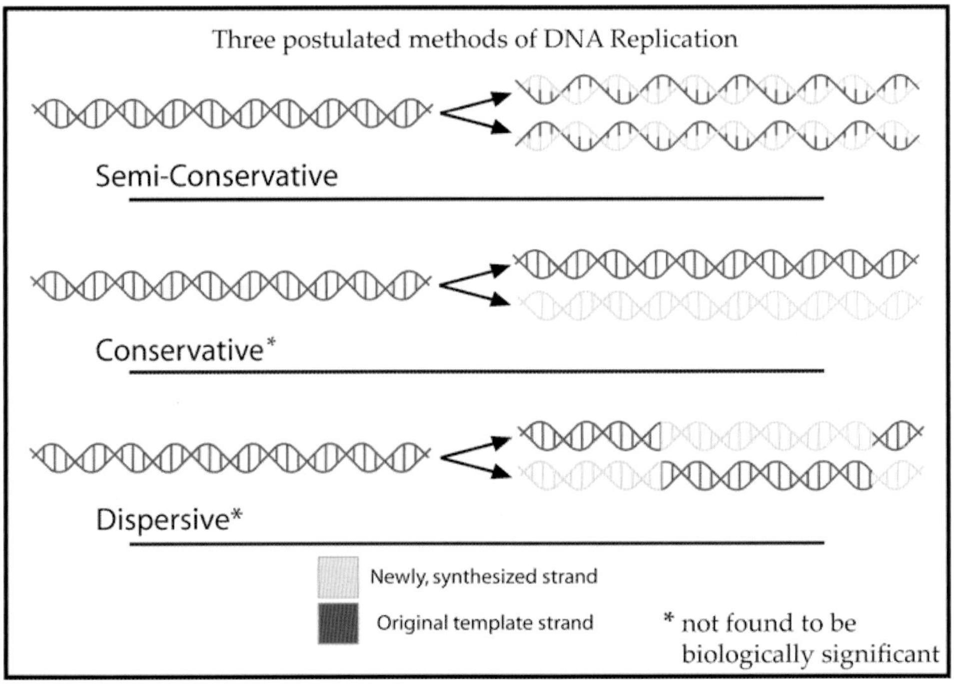

그림 3. DNA replication. By The original uploader was Adenosine at English Wikipedia. - Transferred from en.wikipedia to Commons., CC BY-SA 2.5, https://commons.wikimedia.org/ w/index.php?curid=2644927

같이 DNA 복제는 복사된 음악파일과 마찬가지로 동일한 유전정보가 복제되어 그 자손에 전달할 수 있는 과정을 수행하는 것이다. 그러므로 그 자손에게도 매우 유사한 기능의 전달이 가능하고 또한 생물의 자손은 지속적으로 그 특성을 유지하게 되는 것이다.

3.2. 유전자의 기능 발현

지구상에 살아있는 생물은 그 기능을 발현하기 위하여 자신의 유전자 발현을 유도하여야 하며 최종적으로 기능을 수행하는 단백질을 만들어야 한다. 즉, 사람이 탄생하고 죽음을 맞이할 때까지 영원히 사람의 신체를 구성하는 세포들에서는 기능을 수행할 수 있는 단백질이 만들어져야 한다. 단백질은 어떻게 유전자로부터 만들어지는가? 단백질의 생산은 유전자를 구성하는 DNA로부터 RNA (Ribonucleic acid)가 만들어지고 그 RNA로부터 단백질이 만들어지게 된다. DNA에 있는 유전정보가 RNA로 전달되는 과정을 전사(transcription)라고 하며 RNA로부터 다시 단백질이 합성되는 과정을 번역(translation)이라고 한다(그림 4). 그럼 어떻게 DNA로부터 RNA가 만들어지는가? DNA의 복제에서 설명한 것과 같이 DNA는 상보적인 결합에 의하여 이중나선을 구성하고 있다. 그러므로 RNA의 합성에서도 이들 이중나선을 구성하고 있는 염기들 간의 수소결합을 끊고 단일가닥 DNA에 대하여 상보적인 RNA를 합성하게 된다. 이때 사용되는 효소는 RNA 중합효소(RNA polymerase)라고 한다. RNA는 단일가닥의 핵산으로 기본골격은 당, 인산, 염기로 구성되어 DNA와 비슷하다. 그러나 구성하는 염기는 A, C, G, U로서 DNA의 티민(thymine)대신 우라실(Uracil)을 염기로 가지고 있다. 그리고 이들 합성은 전체 DNA의 영역 중, 즉 유전체 중 유전자 영역에서만 RNA를 합성하게 된다. 또한 RNA는 단일가닥으로 단백질의 합성에 대한 주형으로 이용된다. 그리고 이러한 RNA는 리보솜에서 단백질 합성을 위한 주형으로 이용된다. 그러므로 유전정보는 DNA로부터 RNA로 변환이 되어야만 단백질을 합성할 수 있는 것이다.

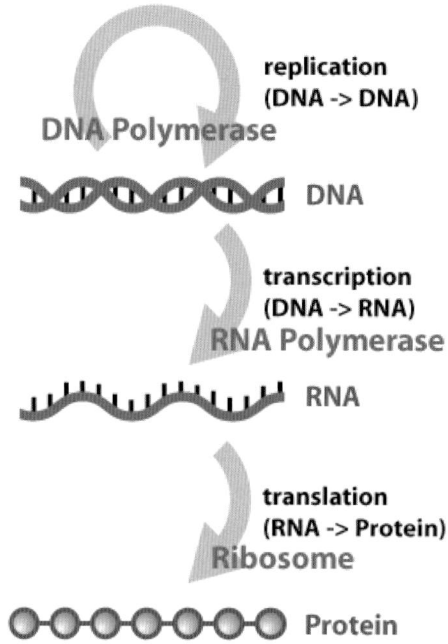

그림 4. The central dogma states that DNA encodes RNA, which in turn encodes protein. Dhorspool at en.wikipedia, CC BY-SA 3.0 〈https://creativecommons.org/licenses/by-sa/3.0〉, via Wikimedia Commons

이렇게 합성된 RNA는 어떻게 단백질을 합성하는가? 여기에서 우리는 유전암호에 대한 이야기를 먼저 해야 된다. DNA의 염기배열은 RNA로 전사되어 단백질로 번역된다. 그러므로 DNA에는 단백질로 번역되는데 필요한 유전암호를 가지고 있다. 즉, DNA는 단백질을 구성하는 아미노산 서열을 지정할 수 있다는 이야기다. DNA는 A, C, G, T 네 개의 염기로 구성되어 있고 아미노산은 20종의 아미노산이 있다. 단순히 네 개의 염기가 아미노산을 지정하게 되면 네 개의 아미노산밖에 되지 않는다. 그리고 두 개의 염기가 하나의 아미노산을 지정한다고 하여도 16가지 (4^2)만 지정할 수 있다. 그러나 세 개의 염기가 모여 하나의 아미노산을 지정한다면 64종류(4^3)의 아미노산을 지정할 수 있게 되어 20아미노산을 모두 지정할 수 있게 된다. 이것은 20개의 아미노산에 대하여 너무 많은 것으로 생각되었지만 많은 연구를 통해 한 개의 아미노산이 염기 세 개로 구성된 여러 염기배열에 의해 암호화되어 있다는 것이 밝혀지면서 설명이 가능해졌다. 이렇게 세 개의 염기로 구성된 유전암호를 트리플렛 코드(triplet code)라고 하며 DNA로부터 합성된 RNA를 세포내 단백질 합성기관인 리보솜이 인식하여 정확하게 유전암호 트리플렛 코드(triplet code)에 해당하는 아미노산을 순서대로 결합시켜 긴 사슬의 단백질 즉, 아미노산 사슬을 합성하게 된다. 이와 같은 방법에 따라 DNA는 RNA로 전사되고 RNA는 리보솜에서 단백질로 번역되는 과정을 거치면서 생명체의 기능 발현에 관여하고 있다. 이러한 과정은 생물체에 따라 철저하게 통제 조절될 수 있으며 이러한 조절에 따라 발현되는 RNA의 양과 단백질의 양을 조절하면서 적절한 시기에 적절한 양의 단백질이 발현되어 우리의 신체는 기능을 수행할 수 있는 것이다. 이와 같은 통제가 불가능하면 세포내에서는 유전자의 발현양을 조절할 수 없어 치명적인 손상을 입게 되고 또한 세포를 죽음으로 몰아넣을 수도 있다. 또한 DNA가 가지고 있는 유전정보에 변이가 생기면 그 유전자로부터 단백질로의 번역에 문제가 있을 수 있으며 변형된 단백질 또는 단백질 생산 자체를 할 수 없는 상태가 있을 수 있고 이러한 현상은 앞에서 언급한 바와 같이 세포에 치명적인 손상을 줄 수 있다. 즉 단백질의 변형에 의하여 단백질이 그 기능을 할 수 없기 때문이다.

3.3. 인간 게놈 프로젝트

인간 게놈 프로젝트(human genome project, HGP)는 사람의 염색체내에 있는 30억 쌍의 DNA 염기배열을 모두 분석하려고 하는 계획으로 미국과 영국 등의 6개국 국제컨소시엄과 미국생명공학 벤처 셀레라 제노믹스가 1990년부터 시작하여 2003년에 완료되었다. 결과를 보면 지금까지 10만개 정도로 추정되었던 인간 유전자는 약 2만6천 내지 4만개 정도에 불과한 것으로 밝혀졌다. 이것은 단백질 합성에 필요한 유전자를 구성하고 있는 DNA는 인간에 있어서 유전체 내의 약 3~5%에 불과하며 나머지 DNA부분은 유전자를 구성하지 않는 부분으로 구성되어 있다는 것을 의미한다. 인간 게놈 프로젝트에서 중요한 것은 지금까지 신의 영역으로 여겨졌던 유전자의 염기서열을 모두 파악하여 얻은 유전정보를 인간 질병의 진단과 치료에 활용하는 활용할 수 있다는 것이다. 현재도 유전질환의 진단에 활발히 활용하고 있고, 유전형에 맞추어 치료 방법을 선택하는 맞춤치료의 몇몇 사례가 보고되고 있다. 예를 들면, 환자의 정상피부와 골수세포의 유전자 분석을 통해 초기 유방암과 자궁암 진단에 활용하고, 이 경우 피부세포와 골수세포 모두 암 억제 유전자인 p53 유전자 일부분의 손상여부를 확인 한 후 치료방향을 결정하는 과정에 유전자 분석이 활용된다. 이 외에 암의 발생원인, 치매, 노화, 우울증, 동맥경화, 당뇨병 등에 대한 인간 질환과 관계가 있는 유전자의 염기서열이 모두 밝혀지게 되면 질병의 원인과 치료에 대한 연구가 급속도로 진행될 것으로 추정된다.

이처럼, 유전자의 염기서열을 모두 해독하여 그들의 배열을 확보하는 것이 인간 게놈 프로젝트의 큰 의미라고 하면 앞으로는 이들을 기초로 하여 각각 유전자의 기능을 확인하는 것이 앞으로의 연구과제가 되며 전 세계 여러 다양한 연구자들이 현재 그 기능을 밝히고자 활발한 연구를 진행하고 있다. 즉 지금은 포스트 게놈 시대(post-genomic era)에 우리가 살고 있다고 할 수 있다. 포스트 게놈 시대 유전체 연구는 유전자 하나만의 기능뿐만 아니라 개체 내에서 이들의 복합적 네트워크를 이해하고 이것이 어떻게 작용하여 생명현상을 유지하고 질병과 관련이 있는가를 연구하는 것이다.

게놈 프로젝트는 인간뿐만 아니라 식물인 벼, 실험동물인 초파리, 생쥐, 침팬지 등에서도 이루어지고 있으며 가축인 소, 돼지에서도 진행되고 있다. 이러한 것은 전부 DNA의 염기서열을 확보하여 그 속에 있는 유전자의 기능연구에 활용하고자 하는 것이 그 1차 목표라 할 수 있다. 앞으로 이러한 결과를 토대로 신약이 개발될 수 있으며 또한 인간 진화에 대한 획기적인 연구결과 들이 발표될 것으로 기대된다.

3.4. 몸을 구성하는 세포

포유동물은 일반적으로 생식세포인 정자와 난자가 결합하여 수정란을 만들고 이 수정란은 분열 분화하여 다세포인 개체를 형성하게 된다. 사람은 하나의 수정란으로부터 발달하여 성인인 경우 약 200종류의 세포가 100조 정도 모여 하나의 인간체를 구성하는 것으로 알려져 있으며 이들 세포는 대부분 성장과 분열을 하다가 정해진 시간에 따라 사멸하게 된다. 이러한 세포는 그 세포의 핵에 존재하는 유전정보 즉, 유전자에 의하여 철저하게 통제 조절되고 있는 것이다. 자연계에서 바이러스를 제외한 모든 생물은 세포로 이루어져 있으며 이것이 무생물과 다른 점이다. 세포는 그 모양과 크기가 다양하고 그 기능도 종류에 따라 다양하다. 따라서 세포의 종류에 따라 그 기능도 다르다. 또한 그 구조는 식물, 동물, 세균 등에 있어서 매우 다르므로 여기에서는 동물세포에 대한 내용만 언급하고자 한다.

동물세포에는 중요한 유전정보를 가지고 있으며 비슷한 종류의 세포들이 집단을 이루어 동물체의 조직을 구성하고 이들 조직이 다시 모여 기관을 구성한다. 이런 각기 다른 기능을 수행하는 기관들이 기관계를 구성하고 기관계들이 모여 동물체를 구성하게 된다. 그러므로 세포는 살아있는 생물체의 최소의 단위라고 정의할 수 있다. 세포가 최소 단위라고 하지만 실질적으로 세포내에서 일어나는 현상은 매우 다양하며 세포내에서 서로 매우 유기적인 관계를 유지하면서 생명체의 생명을 유지하게 된다.

동물세포의 구조를 보면 먼저 특이적으로 세포를 보호하는 세포막을 가지고 있으며 그 내부에는 중요한 유전정보를 가지고 있는 핵으로 구성되어 있다(그림 4). 핵은 세포내에 한 개가 있으며 핵막, 인, 염색사, 핵액으로 구성되어 있다. 핵막은 2중막 구조이며 핵공을 가지고 있어 핵과 세포질 사이의 물질이동에 이용된다. 염색사는 유전물질인 DNA와 히스톤이라는 단백질로 구성되어 있으며 세포분열시 응축하여 염색체를 구성한다(그림 5). 또한 인은 RNA와 단백질이 주성분이며 단백질 합성기관인 리보솜이 여기에서 합성되는 것으로 알려져 있다.

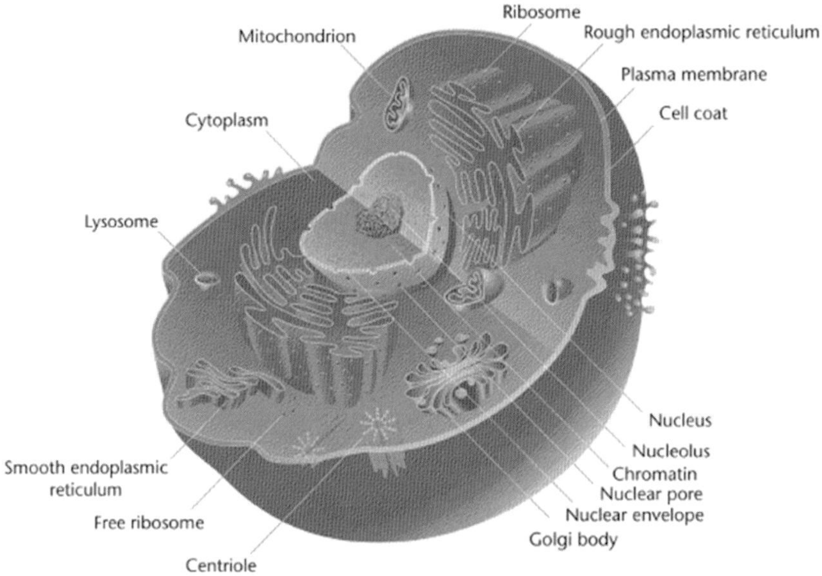

그림 5. Animal cell. Mediran, CC BY-SA 3.0 〈https://creativecommons.org/licenses/by-sa/3.0〉, via Wikimedia Commons

핵액은 핵의 기질이 되는 투명한 액체이며 단백질들이 포함되어 있다. 핵은 유전정보를 가지고 있으므로 매우 중요한 세포내 기관이며 이들 DNA로부터 RNA가 합성되고 합성된 RNA는 세포질로 이동하여 세포질에서 리보솜에 의하여 단백질을 합성하게 된다. 그러므로 핵은 유전정보의 저장고로서 역할뿐만이 아니라 유전정보를 조절하는 기관이기도 하다. 세포막은 외부와 경계를 이루어 세포내를 보호하고 세포 안팎으로의 물질이동에 관여한다. 이들 세포막의 구성성분은 인지질과 단백질이 주성분이며 소량의 탄수화물, 지방, 콜레스테롤 등이 포함되어 있다. 주성분인 인지질은 인이 포함된 지질로서 인이 있는 머리 부분은 친수성이고 꼬리부분은 소수성인데, 소수성꼬리 부분은 서로 마주 보고 있는 이중층 구조를 취하고 있다. 세포막의 내부는 핵을 제외하고 세포질이라고 하며 세포질에는 막으로 구성된 여러 세포소기관이 존재하여 세포내의 기능을 협동적으로 수행하게 된다. 소포체, 골지체, 미토콘드리아, 퍼옥시솜, 리보솜, 리소좀 등이 있다(그림 4). 미토콘드리아는 외막과 내막의 이중막으로 되어 있으며 세포내의 에너지 생성 즉, ATP의 합성을 담당하는 기관이다. 소포체는 단백질을 합성하는 리보솜이 결합되어 있는 소포체와 그렇지 않은 소포체로 나눌 수 있다.

전자를 조면소포체 후자를 활면소포체라고 하며 조면소포체는 합성된 단백질을 세포내외로 수송하거나 골지체를 통하여 세포 밖으로 분비하는 역할을 한다. 활면소포체는 지질의 합성과 수송에 관여하며 칼슘을 세포내 저장하는 기능도 있다. 리보솜은 가장 작은 세포소기관으로 막 구조가 없으며 핵속의 인에서 합성되어 핵공을 통하여 세포질로 이동되며 대부분의 리보솜은 조면소포체에 부착하여 단백질 합성을 수행한다. 골지체는 막으로 싸인 납작한 주머니가 여러 층으로 포개져 있는 구조이며 소포체로부터 단백질을 전달받아 재포장한 후 소낭을 이용하여 세포 밖으로 분비하는 기능을 수행한다. 리소좀은 구형의 작은 세포소기관으로서 골지체 또는 세포외에서 물질이 들어올 때 형성되는 소낭에 의하여 만들어지는 것으로 추정되고 있으며 가수분해효소를 가지고 있어서 세포내외에서 형성된 물질의 분해에 관여한다. 퍼옥시솜은 리소좀과 크기와 모양이 비슷하며 카탈라아제와 같은 효소를 가지고 있어 세포내 대사과정 중에 발생한 유해한 과산화 수소를 물과 산소로 분해하는 기능을 가지고 있다.

동물 세포는 앞에서 언급한 것과 같이 매우 다양한 세포내 기관을 가지고 있으며 서로간에 기능을 보완하면서 독립된 기능의 수행으로 세포의 종합적인 기능을 수행한다. 외부로의 물질을 흡수하여 리소좀에서의 분해를 통하여 세포내 물질로 재활용되고 또한 외부로 필요한 단백질은 소포체, 골지체, 소낭수송을 거쳐 외부로 공급하기도 한다. 그러나 이러한 기능은 각각 소기관이 독자적인 판단에 의하여 수행되는 것이 아니고 세포의 외부로부터의 신호를 세포막에서 수용하고 그 신호를 세포질 내 단백질에 직접 또는 세포핵에 존재하는 단백질로 전달되어 유전자가 다시 조절되는 과정을 거치면서 매우 철저하게 통제되고 있는 것이다. 예를 들어 사람인슐린 유전자는 사람 염색체 11번에 존재하며 핵에 있는 이 유전자로부터 전전구인슐린이 합성되고 소포체, 골지체를 거치는 과정에서 전인슐린과 인슐린으로 변환되어 소낭에 포장된 상태로 세포막의 내부에 존재하고 있다가 세포외부로부터 인슐린을 분비하라는 신호에 의하여 세포외로 분비된다. 세포의 형태는 매우 단순하면서 복잡한 기능을 수행하고 있으며 지금도 많은 유전자들이 발견되고 그 기능이 보고되고 있지만 세포내에서의 기능을 종합적으로 이야기 하는데는 어려움이 있으며 많은 시간이 소요되리라 생각된다.

4. 동물생명공학에 이용되는 기술

4.1. 유전자 재조합 기술

한 생물체의 기능은 그 생물체가 가지고 있는 유전자에 의하여 결정이 된다. 현대 사회에 있어서 생명공학의 발전에 따라 우리들은 생물체의 유전자를 자유자재로 다룰 수 있는 기술을 획득하였으며 이들 유전자를 조작하여 인간의 생활과 건강을 더욱더 증진하고자 하고 있다. 이렇게 유전자를 자유자재로 조작할 수 있는 것은 유전자 재조합 기술이 발달하였기 때문이다. 유전자재조합 기술은 한 생물체의 유전자를 잘라 내어 다른 생물의 DNA에 결합하고 그 DNA를 다른 생물에 이식하는 기술이라 할 수 있다.

이러한 유전자 재조합은 분자생물학의 발전과정 중에 이들 유전자를 조작하는데 필요한 제한효소(restriction enzyme)가 발견되어 가능하게 되었다. 여기에서는 매우 간단하게 그 과정을 설명하고자 한다. 먼저 현재의 기술은 한 생명체로부터 DNA를 순수하게 정제할 수 있으며 이렇게 정제된 DNA를 효소를 이용해 절단, 결합, 증폭시킬 수 있다. 예를 들면, 우리가 사람의 유전자를 분리하였다고 보자 이들 중에서 DNA의 특정한 부분을 절단할 수 있는 효소인 제한 효소로 그 유전자를 절단하고 절단된 DNA 부분만 회수한다. 그리고 이들 DNA를 다른 생물체로 운반할 운반체 DNA(vector)를 동일한 제한 효소로 절단한다. 여기서 이들 운반체는 원형 DNA인 플라스미드(plasmid)라고 하며 이를 대장균 내에 도입하면 대장균의 유전체 DNA와는 별도로 자가 복제하는 능력을 가지고 있다. 절단된 운반체 DNA와 앞에서 준비된 특정영역의 DNA를 DNA 라이게즈(ligase)라는 효소로 처리하면 서로간의 DNA 분자는 결합한다. 그리고 이들 결합된 DNA분자를 재조합 DNA라고 하며 이들을 대장균 내에 도입하여 배양하면 대장균 내에서 자가 복제되어 그 수는 매우 많은 양으로 증폭된다. 이렇게 배양된 대장균을 회수하여 DNA를 정제하면 우리가 원하는 DNA를 가진 재조합 DNA를 회수할 수 있으며 이러한 전 과정을 DNA 클로닝이라고도 한다(그림 6). 이러한 과정에 의하여 사람의 인슐린 유전자를 플라스미드와 연결하고 대장균내에 도입하면 그 DNA가 도입된 대장균은 대장균 내의 단백질 합성기구를 이용하여 사람의 인슐린을 생산할 수 있게 된다.

또한 이러한 방법은 대장균뿐만 아니라 동물 세포내에도 도입이 가능하고 이러한 유전자를 가진 동물도 만들 수 있는 것이 현재의 기술이며 이러한 전반적인 과정이 포함된 것이 동물생명공학이라고 할 수 있다.

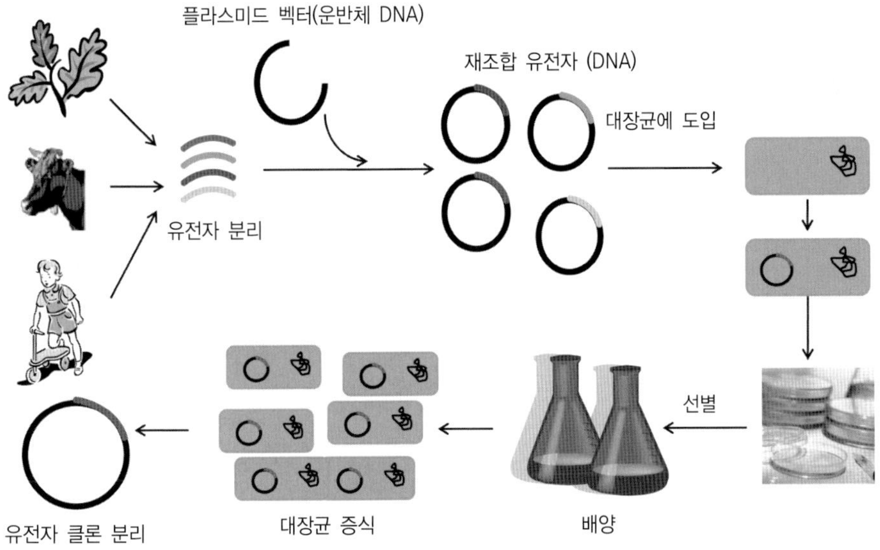

그림 6. DNA cloning

4.2. 세포배양

동물은 생명을 유지하기 위해서 탄생에서부터 죽음을 맞이할 때까지 세포의 기능을 필요로 한다. 그러므로 세포는 살아있는 생명체의 최소 단위이다. 하나의 수정란이 분열하여 개체를 이루는 데는 세포의 분열, 증식, 분화의 과정을 거치면서 조직을 구성하고 또한 이러한 조직은 우리 몸에 필수적인 장기를 구성하며 이들 장기가 모여 하나의 생명체로서 활동을 할 수 있게 된다. 몸을 구성하는 각각의 세포에는 서로 다른 특성이 존재하며, 그러한 세포들은 계속적으로 분화와 성장을 하는 게 아니고 이미 계획된 유전자적 program에 의해 분화와 성장과정을 거처 자기의 일생을 마친다. 따라서 우리는 생명체를 이해하고 어떤 형질을 개량하기 위해서는 세포라는 기본단위를 이해해야 하고 아울러 세포의 종류와 특성을 이해하고 세포를 배양하는 기술을 이해할 필요가 있다.

인체를 구성하는 세포는 약 200종류로 전체 100조의 세포가 우리의 몸을 구성하고 있는 것으로 알려져 있다. 현재 생명공학기술은 우리 몸을 구성하는 대부분의 세포를 분리하고 인위적으로 조성된 영양분이 들어 있는 배지에서 키울 수 있다. 이와 같이 세포를 체외의 인위적인 조건에서 키우는 것을 세포배양이라고 한다. 우리 주변에서 암에 대한 이야기를 많이 접할 수 있다. 세포는 앞에서 언급하였던 것과 같이 정상적인 상태에서 탄생하여 분화 증식하고 성장하여 자신의 유전적 프로그램에 의하여 죽음을 맞이하여야 한다. 그러나 암세포는 정상세포가 죽음이라는 과정을 이탈하여 불사신과 같이 무한히 증식하는 세포로 변화한 것이다. 이러한 세포는 필요에 따라 우리 몸에서 제거되어야 할 정상세포가 계속하여 증식하는 것이므로 우리 몸의 정상적인 생존에 치명적인 영향을 줄 수 있는 것이다. 그러므로 우리의 몸에서 때어낸 정상세포는 인위적인 조건에서 배양을 하여도 오래 생존하는 것은 일반적으로 불가능하다. 그러므로 연구자들은 일반적으로 이러한 정상세포를 인위적으로 암세포로 유도하여 실험실 내에서 계속적으로 자랄 수 있도록 세포를 조작하는데 이러한 세포를 일반적으로 세포주(cell line)라고 한다. 또한 필요에 따라서는 정상세포를 암화시키지 않고 일정 기간 동안은 실험실내에서 배양할 수 있으며 이러한 세포를 초대배양세포

(primary cell)라고 한다. 연구자들은 앞에서 언급한 세포들을 이용하여 세포수준에서 분자적인 변화를 연구할 수 있으며 또한 외래의 유전자 즉, 재조합 DNA를 세포내로 도입하여 세포내에서 일어나는 현상 등에 대해서도 연구할 수 있다(그림 7).

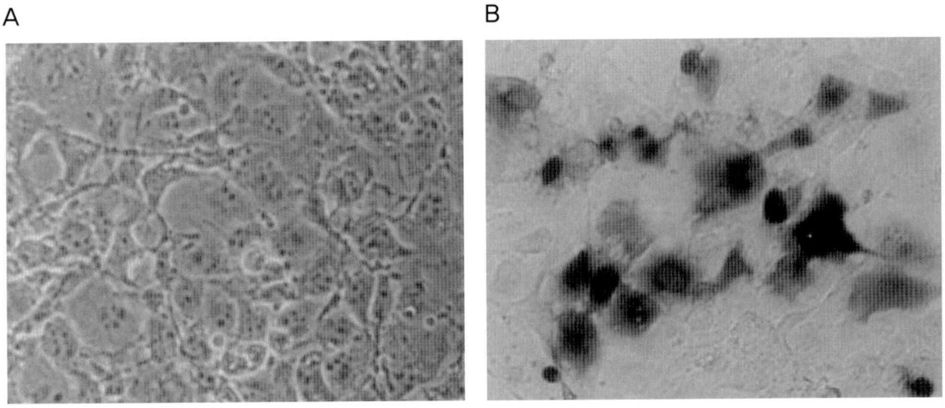

그림 7. 배양세포(A), 유전자도입된 배양세포(B)

최근 다양한 방송매체에서 새로운 생명공학 기술인 줄기세포에 대하여 자주 다루고 있어 일반인들도 이러한 기술에 의하여 난치병이 치료될 수 있으며 새로운 삶을 영위할 수 있을 것으로 생각하고 있다. 그럼 줄기세포는 무엇인가? 동물의 몸을 구성하는 데는 하나의 수정란 즉, 한 개의 세포에서부터 분열 증식, 분화의 과정을 거치면서 개체를 형성하게 되며 여기에는 수없이 많은 세포들이 관여하고 있는데, 줄기세포는 특수한 배양 조건에서 거의 모든 조직의 세포로 분화가 가능하다. 즉, 줄기세포는 신경세포, 근육세포, 지방세포, 뼈 및 연골세포, 피부세포 등 다양한 세포로 분화될 수 있다는 것이다. 일반적으로 줄기세포는 성체줄기세포(adult stem cells), 배아줄기세포(embryonic stem cells), 유도만능줄기세포(induced pluripotent stem cells, iPS)로 나눌 수 있다. 배아줄기세포는 착상 전 수정란 유래의 세포로 지금 현재 실험동물뿐만 아니라 인간에서도 그 세포들이 수립되어 다양한 세포로 분화하는 실험들을 진행 중에 있다. 그러나 이러한 배아줄기세포는 사람의 착상 전 수정란이 필요함으로써 윤리적인 문제가 대두되어 각 나라마다 실험의 규제가 따르고 있다.

2012년 교토대학교 야마나카 신야 교수의 노벨 생리학상 수상으로 주목을 받은 유도만능줄기세포(iPS)는 특정 유전자를 조작, 세포 분화를 거꾸로 돌려 분화능을 유도한 줄기세포이다. iPS는 배아줄기세포의 윤리적 문제를 극복하고, 환자와 유전정보가 같은 맞춤형 줄기세포를 얻을 수 있다는 점에서 긍정적인 평가가 있는 반면, 암 발생 위험이 존재하며, 효율성 측면에서의 기술적 한계 등 향후 해결해야 할 문제점들이 아직 많다. 성체줄기세포는 이미 성인이 된 몸의 각 부위에서 얻어지는 줄기세포로, 그 원천에 따라 지방, 골수, 제대혈 줄기세포 등으로 미국의 미네소타 대학의 연구팀은 골수세포로부터 추출한 성체줄기세포가 배아줄기세포처럼 각종 세포로 분화할 수 있음을 보고하였다. 이처럼 성체줄기세포는 다른 줄기세포들에 비해 안전하고 채취가 용이하여 관련 연구나 임상시험이 가장 활발하게 진행되고 있다. 줄기세포를 이용한 연구는 궁극적으로 인간 질병의 치료를 위해 사용하는 것에 그 의미가 있는데, 예를 들어 뇌졸중, 파킨슨, 알츠하이머, 루게릭 등 신경계 질환 환자의 피부세포나 혈액을 이용하여 빠른 시일내에 자신의 신경줄기 세포를 만들 수 있다면, 거부 반응 없이 이식이 가능한 줄기세포를 질병치료에 이용할 수 있을 것이다. 특히, 이들 세포는 유도만능줄기세포와 달리 암 발생에 대한 위험이 없으며 생체 내 이식 시 잘 기능을 할 수 있는 줄기세포라는 장점이 있기 때문에 매우 유용한 줄기세포 치료방법이 될 수 있을 것이라 생각된다. 줄기세포를 이용한 또 다른 방법으로는 유전자의 이상에 의하여 일어나는 유전병인 경우에 줄기세포에 정상유전자를 도입하고 특정의 세포로 분화시켜 그 세포를 환자에 이식하여 치료하는 방법도 생각해 볼 수 있다.

앞에서 언급한 것과 같이 세포들은 매우 다양한 기능을 수행하고 있으며 현재의 생명공학 기술로는 다양한 세포를 체외에서 키우고 또한 그 세포에 유전자 조작을 할 수도 있으며 이들 세포를 치료용으로도 이용할 수 있는 시대가 열리고 있다. 그러므로 앞으로 다양한 연구자들에 의하여 근본적으로 인간의 복지증진을 위한 연구들이 활발하게 이루어져야 할 것이다.

4.3. 생식세포의 조작

동물의 탄생은 정자와 난자의 수정에 의하여 시작되며 거의 모든 생물들은 이러한 번식의 과정에 의하여 자신의 자손을 퍼드린다. 인간은 야생의 동물을 가두어 기르기 시작하면서 이들 동물을 인위적으로 번식시키고자 하는 데 관심을 가졌으며 현재는 매우 많은 부분을 인위적으로 통제하면서 동물을 키울 수 있게 되었다. 이렇게 인위적으로 동물을 번식시키고 관리하고자 하는 인간들의 열망은 현재의 생명공학에 지대한 영향을 주었으며 이러한 분야가 발전하지 못하였으면 현재의 동물생명공학의 발전도 매우 더디게 되었을 것이다.

생식세포라하면 단적으로 정자와 난자를 이야기한다. 1950년대부터 연구자들은 이러한 생식세포를 일반세포와 같이 체외에서 배양하는 기술을 습득하게 되었다. 처음에는 체내에서 수정된 수정란을 체외로 채취하여 특정한 영양물질이 있는 배양액에서 배양하여 착상 전 단계까지 발달을 시켰으며 이들 수정란을 대리모에 이식하여 산자를 얻는 데도 성공을 하였다. 이 연구의 결과는 현재 동물생명공학 연구의 한 분야의 시작을 알리는 신호탄이었다.

가. 인공수정

1677년 처음으로 정자가 발견된 이후 약 한 세기가 지나서 연구자들은 이들 정자를 체외로 채취하여 다시 암컷의 생식기에 주입하고자 하는 실험을 시도하였다. 이러한 시도는 우수한 형질의 동물(가축)로부터 정자를 채취하여 자연교미에 의한 자연적인 번식이 아니라 인공적으로 우수한 가축을 만들고자 하는 연구의 시작에 불과하였다. 이러한 연구는 1930년에 접어들면서 정액을 위생적으로 채취할 수 있는 방법이 고안되고 또한 이식할 수 있는 방법들이 개발되면서 인공수정의 응용은 급속도로 발전되었다.

앞에서 보는 바와 같이 인공수정은 수정을 목적으로 수소로부터 정액을 채취하여 암소의 생식기에 인위적으로 정액을 주입하는 것으로서 대가축인 소뿐만 아니라 돼지, 말, 사람 등에서도 실시되고 있다(그림 8). 가축에 있어서 인공수정

그림 8. 인공수정

은 우수한 수컷의 형질을 빠른 시간 내에 많은 자손에 번식시키는데 그 목적이 있으며 현재는 이러한 목적으로 정액을 -196℃인 액체질소에 동결 보존할 수 있는 방법이 개발되어 일반화되어 있다. 또한 사람에서는 불임인 부부들을 위하여 수정적기를 판정하고 인위적으로 정액을 생식기내에 주입함으로서 임신을 인공적으로 유도할 수 있으며 산부인과에서 불임시술로 이용되고 있다.

나. 체외수정

동물에 있어서 수정이란 암수 배우자인 난자와 정자가 융합하여 하나의 생명체로 발달을 시작하는 현상으로 이에 대한 연구는 생물학, 의학, 축산학 등에 있어서 매우 주요한 과제의 하나이다. 연구자들은 이러한 수정의 현상을 이해하기 위하여 난자와 정자를 채취하여 체외에서 수정시키고자 하는 연구를 시도되었다. 이러한 시도는 많은 연구의 반복을 거듭하다가 1959년 처음으로 토끼에서 성공하여 산자를 얻을 수 있었다. 현재에는 소, 돼지, 양, 생쥐, 사람 등 거의 모든 동물에서 가능하게 되었으며 가축에 있어서는 복제동물, 형질전환동물 등을 생산하는데 필수적인 과정으로 이용되고 있다. 소에서 이용되고 있는 방법을 간단히 언급하면 수정에 필요한 난자는 도축장에서 도축되는 암소의 난소를 채취하고 그 난소에 있는 미성숙난자를 채취하여 이용한다. 미성숙난자가 채취되면 이들 난자를 성숙시켜 수정에 이용될 수 있는 난자로 발달을 시키며 발달된 난자는 수소에서 채취한 정자와 같이 배양하여 체외수정을 유도한다. 수정된 난자는 체외배양하여 발달시키며 필요에 따라 대리모 암소에 이식하거나 정자와 같이 -196℃인 액체질소에 동결보존이 가능하다. 이러한 체외 수정은 우수한 형질의 수정란을 대량으로 인공적으로 생산하여 형질이 우수한 산자를 빠른 시간에 번식시키고자 하는데 이용되고 있다(그림 9). 또한 이러한 과정은 복제동물, 형질전환 동물 등을 만드는데도 필수적으로 이용되고 있다. 또한 사람에 있어서도 원인을 모르게 수정이 되지 않는 불임부부에서는 정자와 난자를 채취하여 체외에서 수정을 유도한 다음 정상적으로 발달한 수정란을 다시 여성에게 이식하여 자손을 얻고자 하는 방법이 일반적으로 시도되고 있다.

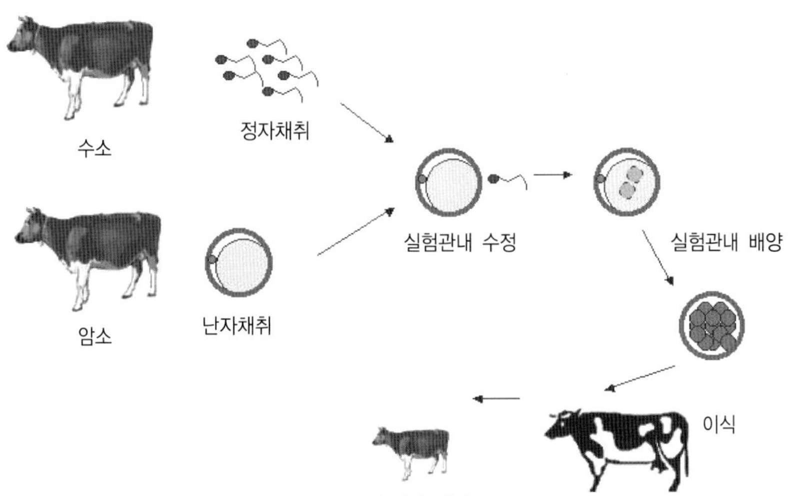

그림 9. 체외 수정 모식도

다. 수정란 이식

소는 1년에 한 마리의 송아지를 생산하는 것이 일반적이다. 매우 우수한 암소도 평생 송아지는 10마리 내외를 생산하게 된다. 그러나 이러한 우수한 암소로부터 많은 수정란을 얻고 대리모 암소 이식하면 여러 개의 수정란으로부터 능력이 우수한 암소를 많이 생산할 수 있다. 포유동물에서 수정란 이식은 최초로 1890년 토끼에서 시도되었으면 현재는 소, 돼지, 산양, 면양, 사람 등 거의 대부분의 동물에서 시도되고 있다. 이러한 수정란 이식법에는 우선적으로 우수한 형질의 수정란을 한 마리로부터 대량으로 채취할 수 있는 수정란 채취기술이 우선되어야 하고 채취된 수정란을 −196℃인 액체질소에 동결보존하는 기술, 또한 대리모에 이식하는 기술이 숙달되어야 한다. 현재 이러한 수정란 이식 기술은 대가축에서 체외 수정과 함께 우량가축 증식의 목적으로 이루어지고 있으며 또한 복제동물, 형질전환동물 등의 생산에도 필수적으로 이용되고 있다.

라. 생식세포의 동결

생식세포는 앞에서 언급한 것과 같이 정자 난자가 있다. 이들 중 난자는 현재 체내에서 수정된 난자를 회수할 수도 있으며 난소로부터 채취한 미성숙 난자를 가지고 체외수정하여 수정란을 만들 수도 있다. 이러한 수정란은 특별한 용액으로 처리하여 −196℃인 액체질소에 동결보존하고 필요시 융해하여 수정란을 이용할 수 있는 기술이 수정란 동결보존이다. 또한 정액도 채취하여 특별한 용액으로 처리하여 수정란과 같이 동결보존할 수 있으며 필요시 융해하여 이용할 수 있다. 이와 같은 생식세포의 동결보존은 우수한 품종의 생식세포를 장기간 무한적으로 보존할 수 있다는 장점이 있으며 동결보존한 생식세포는 수송이 용이하여 먼 곳에서도 우수한 품종의 생식세포를 이용할 수 있는 장점이 있다. 또한 이러한 방법은 품종의 보존 차원에서도 중요한 방법이며 대부분의 동물에서 시도되고 있으며 사람에서도 정자와 난자의 동결이 일반화되어 불임 시술에서도 이용되고 있다.

마. 생식세포의 미세조작 기술

생식세포의 미세조작기술에는 200내지 400배의 현미경하에서 수정란에 DNA을 주입하는 기술, 수정란의 핵을 제거하고 다른 세포의 핵을 이식하는 핵이식기술, 수정란의 할구를 제거하는 기술, 미수정란에 정자를 직접 주입하는 정자주

입기술 등이 있다. 이러한 기술에는 고 배율의 현미경하에서 수정란을 조작할 수 있는 수정란미세조작기를 매우 잘 다룰 수 있어야 한다.

미세조작기는 매우 가느다란 유리 피펫(직경 1~수십 ㎛)을 고정하여 200내지 400배의 현미경 하에서 수정란에 물리적인 조작을 할 수 있는 기기이며 피펫에는 가느다란 튜브가 연결된 주사기가 달려 있으며 이 주사기를 조절함으로써 피펫을 통하여 DNA의 주입 또는 수정란의 핵의 제거 등을 수행할 수 있다. 이러한 조작을 위해서는 유리 피펫을 가공하여야 하는데 피펫의 끝을 가늘게 만들 수 있는 기기를 풀러(puller)라고 하며 이렇게 만들어진 피펫의 끝을 절단하거나 적당한 각도로 구부리거나 다듬는데 사용하는 기기는 마이크로포지(microforge)라고 한다(그림 10). 이와 같은 기기의 사용으로 수정란을 현미경하에서 매우 자유자재로 다룰 수 있다. 이러한 미세조작기술에는 대표적으로 DNA를 수정란에 주입하는 기술이 있다. 이러한 기술에 의하여 태어난 동물은 형질전환동물이라고 하며 최근 동물생명공학 기술에 있어서 중요한 기술 중에 하나이다.

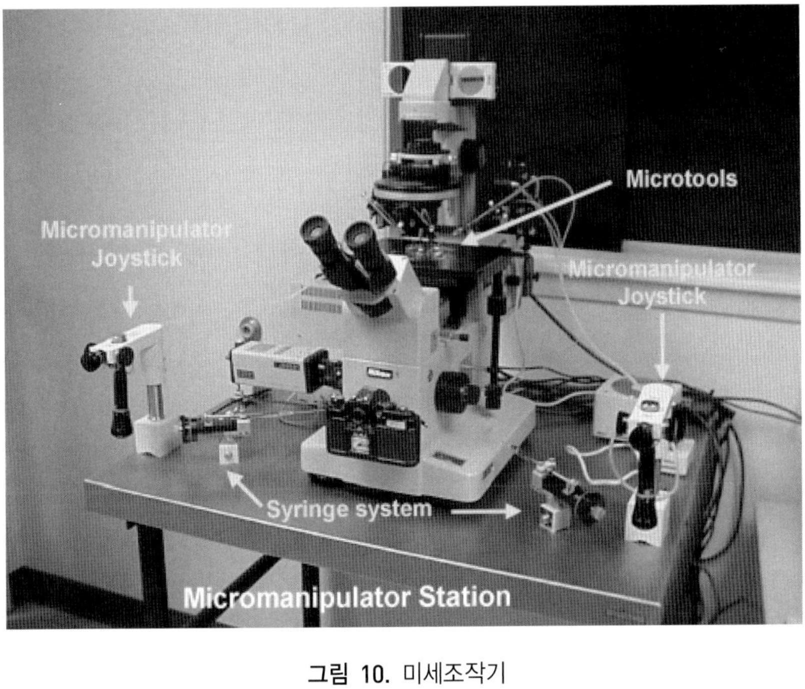

그림 10. 미세조작기

5. 형질전환과 동물복제

5.1. 형질전환동물

인간들은 인간의 삶의 질을 높이기 위하여 야생동물을 순화하여 가축화하였으며 이들 가축의 능력을 지금은 안정적으로 이용하고 있다. 이러한 인간의 욕망은 자연상태의 가축의 이용에서 최근에는 인위적으로 동물의 유전자를 조작하여 그 유전능력을 변화시킨 동물생산에까지 미치고 있다. 이렇게 동물의 유전자가 인위적으로 조작된 동물을 형질전환동물이라고 한다. 동물은 탄생할 때부터 고유의 형질을 지니고 있으며 이러한 형질은 부모에서부터 자손으로 전달이 되며 형질을 결정하는 인자가 유전자라는 사실은 이미 알려진 사실이다. 이러한 고유한 형질에 새로운 형질이 발현되도록 하거나 고유한 형질을 제거하여 그 동물의 형질을 바꾸는 것을 형질전환이라고 한다. 그러므로 형질전환동물이란 외래유전자를 인위적으로 동물에 도입하거나 특정 유전자의 기능을 제거시킴으로써 동물의 형질 일부가 전환된 동물을 말한다. 이러한 형질전환 동물은 1980-1981년에 Palmiter와 Brinster에 의하여 개발이 되었다. 그 들은 사람 성장 호르몬 유전자를 생쥐 1세포기 수정란의 전핵에 주입하여 형질전환생쥐를 만들었다. 이들 생쥐는 주입된 유전자로부터 사람성장호르몬이 발현되어 정상 생쥐보다 약 2배 큰 생쥐로 성장하였으며 모든 연구자들로부터 새로운 동물의 탄생 가능성을 인정받았다. 그 후 기술이 더욱 발전하여 사람의 유전자를 가축에 도입하여 사람의 유전자를 가진 가축 그리고 이 유전자로부터 사람의 단백질을 생산하는 형질전환 가축을 생산할 수 있게 되었다. 또한 최근에는 돼지의 특정 유전자를 제거하여 장기이식동물이 생산되기도 하였다. 이러한 형질전환동물이 응용될 수 있는 분야는 크게 네 가지 정도로 분류가 된다.

첫째로, 성장 속도가 빠르고 사료 효율이 높은 고생산성, 고품질의 축산물을 생산하는 가축을 개발함으로써 식량자원을 확보한다는 농축산업적인 응용에 사용된다.

둘째로, 사람에게만 발병하는 질환에 대한 질환모델동물을 개발하여 질환의 연구 및 치료제 개발을 할 수 있다.

셋째로, 사람에 이용될 수 있는 고가의 생리활성 물질 즉, 의약품을 유선 등을 통하여 대량 생산하는 동물 개발에 이용될 수 있다.

넷째로는 각종 동물에서 특정한 유전자를 과잉발현 시키거나 제거하여 그 유전자의 기능을 체내에서 연구하고자 하는 유전자의 기능연구에 이용될 수 있다.

앞에서 언급한 바와 같이 형질전환동물은 식량자원의 확보뿐만이 아니라 고가의약품의 생산 그리고 유전자의 기능연구 등 응용과 기초학문에서 매우 유용하고 광범위하게 이용될 수 있는 동물이다. 이러한 형질전환동물의 경제성은 매우 높은 것으로 생각되어지고 있다. 한 가지 예로 당뇨병 치료제인 인슐린은 지금 현재 대장균이나 동물세포를 이용하여 생산되고 있지만 만약 사람 인슐린을 생산할 수 있는 형질전환소를 생산하게 되면 지금까지 대장균이나 동물세포에서 생산되는 인슐린보다 단가를 저렴하게 할 수 있을 뿐만 아니라 지금 현재 가지고 있는 목장에서 가축을 사육할 수 있는 장점이 있게 되고 가축을 번식시키게 되면 동일한 형질전환동물에 의해 대량 생산이 가능하여 11억 달러(약 13,000억 원) 규모의 세계시장에 필요한 충분한 양을 조달할 수 있는 장점을 갖게 된다.

이러한 동물의 생산방법에는 외래유전자를 1세포기 수정란의 웅성전핵에 주입하는 유전자 미세주입법(microinjection), 외래유전자를 체세포에 도입하고 유전자가 도입된 체세포를 이용하여 복제동물을 생산하는 핵이식법(nuclear transfer), 도입하고자 하는 외래 유전자를 가지고 있는 레트로바이러스를 수정란에 감염시켜 생산하는 레트로바이러스법(retrovirus infection), 외래유전자를 줄기세포에 도입하고 외래유전자를 가지고 있는 줄기세포를 수정란에 주입하여 생산하는 줄기세포법(embryonic stem cell) 그리고 체외 수정시 유전자를 배양액에 첨가하여 정자가 미수정란과 수정될 때 삽입되도록 하는 정자벡터법(sperm vector) 등 크게 다섯 가지로 나눌 수 있다. 여기에서는 일반적으로 많이 사용되는 유전자 미세주입법에 대해서만 간단히 언급하고자 한다.

유전자 미세주입법을 하기 위해서는 먼저 도입하고자 하는 특정의 유전자를 유전자 재조합기술에 의하여 재조합 한다. 그리고 수정란은 도축장에서 도축되는 암소로부터 난소를 채취하고 그 난소로부터 미성숙 난자를 채취한 다음 체외에서 특정한 방법에 의하여 성숙시킨다. 이렇게 성숙된 미수정란은 체외수정기술을 이용하여 수정란을 만들 수 있으며 확보된 수정란은 체외에서 유전자를 주입할 시기까지 배양한다. 유전자를 주입할 시기에 도달하면 앞에서 언급한 수정란 미세조작 장치를 이용하여 외래 유전자를 수정란의 웅성전핵에 주입한다. 주입된 유전자는 핵에 존재하는 염색체 DNA에 삽입이 되어 염색체와 동일하게 유전이 된다. 유전자가 주입된 수정란은 배양기에서 체외배양하여 발달시킨다. 체외에서 정상적으로 발달한 수정란은 수정란 동결방법에 의하여 동결보존 하였다가 대리모 암컷에 이식할 수 있으며 또한 동결보존 없이 바로 대리모에 이식할 수도 있다. 이렇게 이식된 수정란이 정상적으로 착상이 되고 분만이 되면 형질전환동물이 탄생될 수 있다(그림 11).

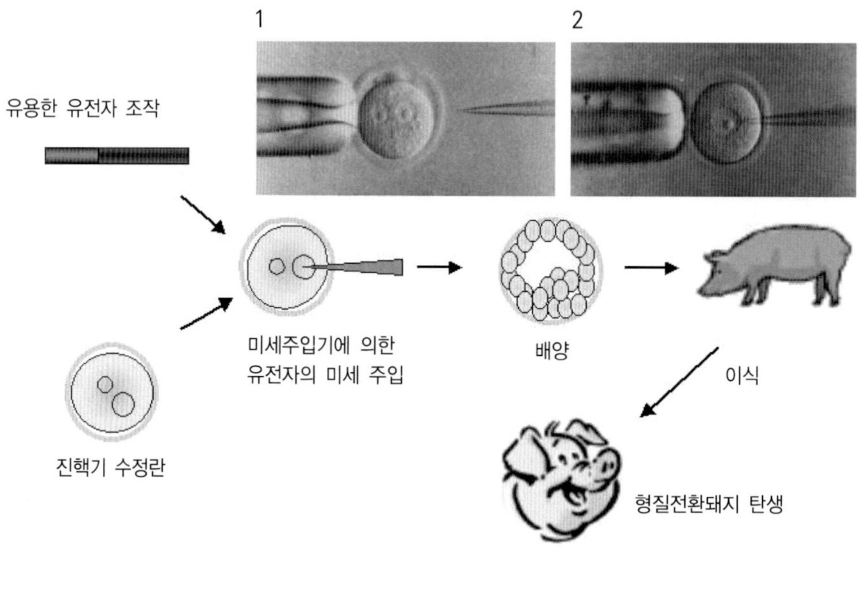

그림 11. 미세주입에 의한 형질전환동물 생산 모식도

이와 같은 유전자 미세주입방법의 효율은 가축에서 태어난 산자의 1%, 실험동물인 생쥐에서는 5%이다. 현재는 이러한 효율을 높이기 위한 연구가 주로 진행이 되고 있으며 가축에서는 그 효율이 낮은 편이므로 최근에 보고된 동물복제 방법을 이용하는 연구 그룹이 늘고 있다. 그러나 실험동물인 생쥐에서는 전체적인 과정이 가축보다 간편하고 효율이 높기 때문에 많이 이용되고 있다. 또한 안정적으로 유전자가 삽입될 수 있는 기술과 가축에 있어서는 생산 효율을 높이기 위한 기초 연구들도 진행이 되고 있다. 그리고 여기에서 언급한 유전자 미세주입기술뿐만 아니라 다양한 방법에 대한 실험과 검증이 가축에서 진행이 되고 있으므로 앞으로는 더욱 효율이 좋은 생산방법이 개발될 것이다. 이 분야는 공장에서 하나의 제품을 생산하기 위해 기계에 의하여 만들어지는 것이 아니고 고도로 숙달된 연구자들에 의하여 만들어지는 것이므로 연구자들의 배출에도 많은 노력들을 기울이고 있다.

형질전환동물이 탄생되면 그 동물은 외래 유전자를 가지고 있게 되고 그 유전자로부터 단백질을 만들 수 있게 되어 새로운 형질을 가진 동물이 된다. 그리고 그 형질은 자손에 유전될 수 있기 때문에 영원히 지구상에 존재하는 새로운 동물이 될 것이다. 이와 같이 형질전환동물의 생산은 미래의 신기술로서 새로운 산업을 이끌 수 있는 한 분야이며 이들 분야는 동물생명공학의 발전에 따라 더욱 발전될 것으로 생각된다.

5.2. 복제동물

1997년 신의 영역을 침범하는 획기적인 연구결과가 발표되었다. 그것은 공상영화에서가 보아왔던 복제동물의 탄생이다. 영국의 Roslin 연구소의 Wilmut 박사 연구팀은 면양의 유선세포를 이용하여 복제양 dolly를 만들었으며 지금은 유전자 조작된 복제동물도 탄생되고 있다. 이러한 복제동물은 국내외에서 많은 연구가 진행되고 있으며 소, 돼지, 고양이, 생쥐 어류 등에서도 성공하고 있다. 국내에서는 1999년 복제 젖소(영롱이; 자궁세포유래)와 한우(진이; 귀세포 유래)가 생산되었으며 2002년에 돼지복제도 성공하게 되었다. 이러한 복제 동물의 연속적인 성공은 스티븐 스필버그 감독의 영화 '쥬라기 공원'을 불가능한 공상으로 치부하지 못하게 될지도 모른다. 또한 인간 복제를 하기 위하여 여러 연구자들이 시도를 하는 것으로 알려지고 있으며, 최근에는 복제양 dolly를 생산한 연구 그룹에서도 치료용으로 인간 복제를 시도할 계획을 발표하고 있다.

복제(clone)의 의미는 무엇인가? clone이란 잔가지를 의미하는 그리스어로 'klon'에서 파생된 용어로 엄격하게는 식물을 번식시킬 때 사용하는 꺾꽂이를 가리키지만, 핵이식과 같은 수단을 통해 유전적으로 동일한 동물을 만들어내는 것을 뜻한다. 이러한 복제동물에는 수정란복제에 의한 복제동물과 체세포복제에 의한 복제동물로 나눌 수 있다.

수정란은 수정 후 분열을 계속하며 동물 종에 따라 분열정도는 다르지만 2세포기, 4세포기, 8세포기, 16세포기, 32세포기, 상실배기, 배반포기 순으로 발달을 한다. 이 들 수정란의 각각의 세포를 초기배에 있어서는 할구라고 하며 8세포기는 할구가 8개로 구성되었다. 이들 할구는 각각 개체로 자랄 수 있는 능력을 가지고 있으며 이들 할구를 핵을 제거한 난자에 주입하며 그 할구 유래의 개체가 탄생된다. 이론적으로 8세포기배의 할구를 이용하여 복제를 하면 8마리의 동일한 능력을 가진 개체를 탄생시킬 수 있다는 것을 의미한다. 이와 같이 생식세포인 수정란을 이용하여 동일한 능력을 가진 개체를 탄생시키는 것을 수정란에 의한 복제방법이라고 한다(그림 12).

이와 같은 방법은 앞에서 언급한 복제양 dolly와는 많은 차이를 나타낸다. 생식세포는 정자와 난자가 수정되어 발달하는 초기에 이미 생식세포결정인자에 의하여 생식세포로 발달이 결정되어진다. 이러한 생식세포는 더욱 분화 발달하면서 남성인 경우는 정자 여성인 경우는 난자로 발달하게 되는 것이다. 그러므로 수정된 수정란의 할구는 이미 초기분화 상태이므로 모든 세포의 분화 가능성을 가지고 있는 상태가 된다. 그러나 dolly를 탄생시킬 때는 체세포를 이용하였는데 체세포는 수정란에서부터 발달 분화하면서 각각의 조직, 기관을 형성하고 그 고유의 조직에서 고유의 기능을 수행할 수 있도록 유전자의 발현이 결정되어진 상태이다.

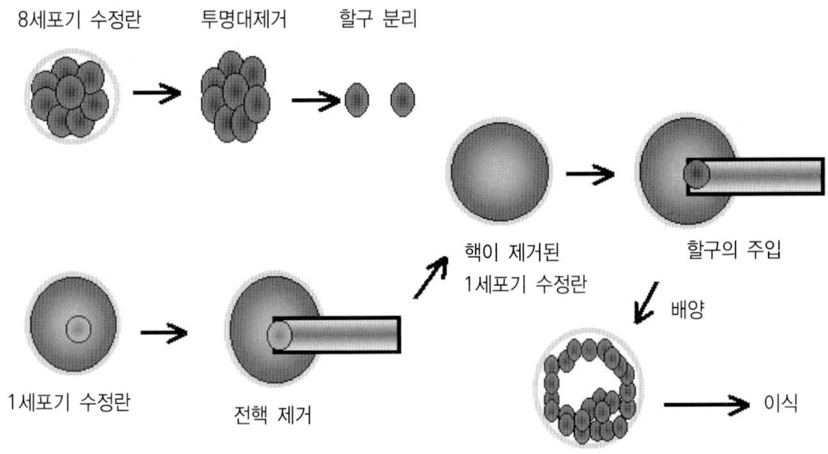

그림 12. 수정란 복제에 의한 복제동물의 생산 모식도

그리고 정해진 유전자 프로그램에 의하여 자기의 일생을 마치게 되는 것이 체세포의 운명이다. 이러한 체세포를 이용하여 복제한 동물이 dolly인 것이다. 그러므로 생식세포로의 기능을 상실하였다고 볼 수 있는 체세포를 이용하여 하나의 개체를 만들어 낸 것이다. 이러한 결과는 지금까지의 생물학의 이론을 바꾸어 놓은 것이라고 하여도 과언이 아니다. 체세포를 이용한 복제동물은 먼저 복제할 동물로부터 체세포를 확보하고 이들 체세포를 핵이 제거된 미수정란에 주입한 후 전기충격을 주어 세포융합을 유도한 다음 체외에서 배양하고 배양된 수정란을 대리모에 이식하면 탄생이 가능하다.

이러한 기술이 가능하기까지는 미성숙난자의 체외 성숙, 체외수정, 체외배양 등의 기술과 체세포의 배양기술 그리고 미세조작기를 이용한 수정란 미세조작기술이 발달하였기에 가능하였다. 복제동물을 생산하는 핵심기술인 핵이식기술은(nuclear transfer)는 현미경하에서 미세조작기와 미세주입기를 통해 이뤄지는 방법이다. 일반적인 체외성숙기술에 의하여 미수정란을 확보한 다음 미수정란의 투명대를 절개하고 일반적으로 자성전핵을 미세주입기에 연결된 모세유리관을 통하여 제거한다. 이렇게 핵이 제거된 미수정란에 복제하고자 하는 체세포를 모세유리관을 통하여 한 개 주입한 후 전기충격에 의하여 세포융합을 유도한다. 체세포가 미수정란에 성공적으로 융합이 되면 체외에서 배양하여 발달을 유도하고 발달된 수정란은 대리모에 이식하여 산자를 생산하게 된다. 이러한 과정을 통하여 정상적으로 산자가 태어나면 체세포형질을 지닌 복제동물이 된다(그림 13).

이러한 복제방법은 형질전환동물의 생산에도 이용이 된다. 이 방법은 복제에 이용할 체세포에 미리 외래 유전자를 도입하고 유전자가 도입된 체세포를 이용하여 복제 동물을 생산하면 되는데 이러한 동물을 형질전환복제동물이라고 한다. 이와 같은 방법에 의하여 현재 면양, 소, 돼지에서 형질전환복제동물이 탄생하였으며 체세포에 미리 유전자를 도입한 후에 복제동물을 만들게 되므로 태어난 복제동물은 100% 형질전환된 동물이 된다. 이러한 방법에 의하여 최근에는 이종간 장기이식 때 이식거부반응에 관여하는 유전자를 제거한 복제돼지가 탄생되어 이식장기용 복제돼지의 시대를 열었다.

앞으로 복제방법은 새로운 동물의 창출뿐만 아니라 치료용 줄기세포의 개발에도 이용이 될 것이며 특히 형질전환동물의 생산에 있어서는 동물복제방법을 이용하는 것이 주류를 이룰 것으로 생각된다.

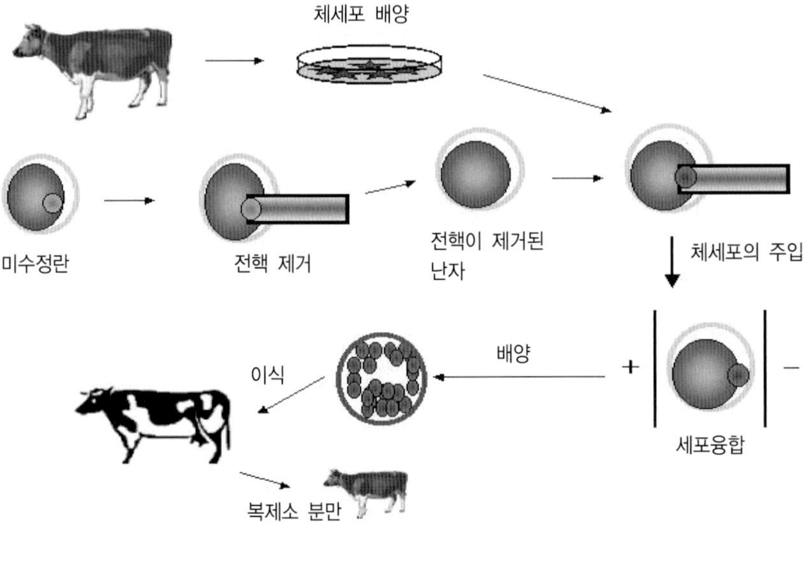

그림 13. 체세포복제에 의한 복제동물생산 모식도

5.3. 질환모델동물

인간에게는 평생 동안 여러 가지의 질병이 발생하며 이 질병의 치료를 위하여 많은 치료제가 개발 이용되고 있다. 질환모델동물은 사람의 질병과 아주 유사한 질병현상을 나타내는 동물을 말하며 이들을 이용하여 각종 질병에 대한 기초 연구와 치료법 개발이 다양하게 이루어지고 있다.

원래 질환모델동물의 개발은 동물이 가지고 있는 유전자에 자연적으로 변이가 일어나고 그 변이가 특수한 질환에 관계가 있을 때 그 표현형이 나타난 동물을 선발하고 그 동물을 번식하면서 선발과 도태를 반복을 통하여 그 동물의 형질을 고정한 동물을 개발하여 이용하였으며 이러한 동물을 자연발증 질환모델동물이라고 한다. 이외에 실험적으로 동물에 각종 조작, 수술, 약물 투여 등 인위적인 방법을 통하여 인공적으로 만들어진 동물이 있는데 이러한 동물은 실험적 질환 유발 동물이라고 한다. 또한 앞에서 언급한 형질전환동물생산 방법을 이용하여 생산한 질환모델동물도 있다. 이러한 동물은 질환에 관련된 유전자를 과잉발현 또는 제거하여 형질전환동물을 만드는 것으로서 알쯔하이머 질환모델, 동맥경화모델 등 다수가 보고되고 있다. 그러므로 질환모델동물의 개발은 주로 유전자 조작에 의하여 인위적으로 개발된 동물인 형질전환동물이 이용 될 것으로 생각된다.

다양한 질환모델 동물들이 개발되고 이러한 동물을 이용하여 질환에 대한 기초 연구가 이루어지고 치료방법 등이 개발되면 동물생명공학 방법에 의하여 인간의 건강 및 복리가 증진하게 될 것이다.

6. 동물생명공학의 발전 방향과 전망

오늘날 동물을 대상으로 하는 생명공학은 동물의 생리 및 특성을 이해하고 규명하여 그 동물의 특성을 전환시키거나 향상시켜 보다 더 인간에 유익하도록 하는 여러 가지 기술과 방법을 개발하고 있다. 이러한 발전의 현황을 파악하는 것은 앞으로 발전할 연구방향을 추정하는데 매우 중요하다고 할 수 있다.

유전물질인 DNA의 발견에서부터 현재의 복제동물의 탄생까지에는 약 70여년의 세월이 흘렀으나 인간게놈프로젝트의 완결로 동물생명공학의 발전은 매우 빠르게 진행되고 있다. 유전자에 대한 연구는 기능유전체학, 생물정보학, 단백체학 등 새로운 개념의 용어들이 창출되고 있으며 게놈프로젝트의 결과를 이용하여 하루라도 빨리 모든 유전자의 기능을 알기 위하여 노력하고 있다. 외국에서는 이러한 연구가 활발하게 진행되어 왔으며 국내에서는 주로 한국인 특이적인 질환에 대한 인간유전체 연구가 생명공학연구원을 중심으로 진행되고 있고, 농업진흥청에서는 가축에 대한 유전체 연구가 15년의 계획으로 추진되고 있다. 이와 같은 연구가 완료되면 인간 건강 문제뿐만 아니라 동물산업에도 새로운 시대를 맞이하게 되어 매우 특수화된 전문 분야의 발전이 기대된다. 형질전환분야를 보아도 1981년 실험동물에서 성공한 후 현재는 거의 모든 가축에서 성공하여 산업적 응용에 대한 연구와 보다 효율적인 생산 방법에 대한 연구가 활발하게 진행되고 있다. 그리고 가축에서는 1991년 네덜란드 Gen Pharming사가 사람 락토페린 유전자를 가진 젖소를 탄생시켰고 국내에서는 1997년 한국생명공학연구원에서도 동일한 유전자를 가진 젖소가 탄생하였다고 보고되었다. 복제동물에 대해서도 외국에서 보고되고 있고 국내에서도 젖소, 한우, 돼지에서 성공하여 복제 기술이 세계적인 수준에 근접하였다고 할 수 있다.

이와 같은 동물생명공학 기술은 산업화를 위한 연구도 동시에 시도되어야 하며 그 방향은 인간의 복리 증진에 주안점을 두어야 한다. 대외 경쟁력을 확보하고 자신들의 독특한 기술을 개발하여야 하며 국가적 차원에서는 생명공학적 벤

처를 지원하여 외국의 기업들과 경쟁할 수 있는 능력을 키울 수 있어야 한다. 앞에서도 언급한 것과 같이 동물생명공학의 기술은 산업화를 하여야 하며 그 경제적 가치를 확보하기 위하여 기초 연구도 선행되어야 한다.

따라서 앞으로 나아갈 동물생명공학의 방향은 아래와 같다.

① 동물 유전자지도 작성과 발현 양상 연구 및 활용

② 동물생리에 활성을 주는 단백질의 구조, 기능의 규명

③ 인체 질환 치료제 개발을 위한 형질전환동물개발

④ 인체질환 연구를 위한 질환모델 동물개발

⑤ 유전자 기능 연구를 위한 유전자 조작된 동물의 개발

이상과 같은 몇 가지 방향을 제시하였지만 앞으로 연구 결과에 따라 방향은 매우 다양하게 변화될 것으로 생각이 되고, 또한 형질전환동물과 같이 특수한 동물이 탄생하였을 때 이들 동물의 사양과 관리 측면에서도 그 방법을 심도 있게 고려하여야 한다.

결론적으로 동물생명공학은 인류의 복지와 편의를 위해 발전하되 사회 질서를 파괴하는 연구는 제도적인 차원에서 규제되어야 할 것이다. 둘리와 같은 동물의 생산기법이 인간에게 적용될 경우 인간 존엄성의 상실뿐만 아니라 자연 질서의 대혼란을 야기하게 된다. 따라서 모든 연구자들은 자연철학의 바탕 위에서 연구를 수행하고 사회를 유지시키는 도덕성을 잃지 않아야 할 것이다. 이러한 조건 속에서 발전할 동물생명공학의 분야는 매우 다양하며 미래 지향적으로 볼 때 무한성을 갖게 될 것이다.

7. 동물생명공학과 윤리적인 문제

과학은 자연의 섭리와 진리를 파헤치고자 하는 인간의 호기심으로부터 발달하였으며 자연의 현상을 조금 더 이해하여 인간의 삶에 이용하고자 하는 것이 궁극적인 목적일 지도 모른다. 이러한 과학은 경험적 사실을 근거로 한 보편성과 객관성이 있는 체계적인 학문인 것이다. 1953년 DNA의 이중나선 구조의 발견에서부터 생명과학의 발전은 급속도로 진행되어 현재는 유전자 변형 동물, 복제동물 등 다양한 생명과학에 의한 생산물들이 현시대에 등장하고 있다. 이러한 것들과 같이 21세기는 생명공학이 주류를 이루면서 세계적인 산업을 주도할 것으로 평가되고 있으며 새로운 과학 혁명을 예고하고 있다. 이와 같은 유전자 조작동물의 탄생과 복제동물의 탄생은 곧 인간복제도 가능하게 되어 무분별한 생명조작을 둘러싼 윤리문제가 사회적인 문제로 대두되고 또한 배아줄기세포의 연구는 인간에 대한 존엄성을 이유로 문제가 되고 있다. 이것은 생명의 존엄성에 대한 두려움 때문에 일어나는 현상이라고 볼 수 있으며 이러한 현상은 우리들이 공상과학 영화와 같은 미래가 있을 것이라는 두려움 때문이기도 하다. 그러나 생명공학의 발달로 인하여 인간 생명의 시작과 죽음은 새로운 사고로 접하게 될 것이며 지금도 생명의 탄생은 인공수정, 체외수정 등에 의하여 불임부부들에게 시술이 되고 있고 또한 미래에는 장기이식을 필요로 하는 환자에게 인공장기 및 다른 동물의 장기를 이용하여 시술을 하게 될 것이다. 이러한 기술은 인간의 생명연장을 유도할 것이고 또한 풍요로운 삶을 줄 것으로 생각이 된다. 그러나 한편으로는 생명연장에 의한 인구증가와 생명공학의 거대한 산업에 의하여 생명공학기술의 만능주의가 탄생할지도 모른다. 그리고 이러한 만능주의에 의하여 빈부 차에 의한 새로운 인종차별이 탄생할 수도 있으며, 과학자들에 의한 과학의 차별도 일어날 수가 있고, 생명무시 또는 훼손의 과학으로 즉, 생명자체를 가볍게 생각할 수 있는 과학으로 발전할 수도 있다. 이러한 내용들은 생명과학의 발달에 의하여 야기될 수 있는 문제점들이다.

한 가지 의약품 생산을 예로 들면 현재 사회에서도 생명공학에 의한 의약품을 우리들은 사용하고 있으며 이러한 의약품의 대부분은 고가인 항암제 등이다. 인간은 개인적으로 자신의 생명에 대하여 중요시하고 또한 생명존중에 대한 사고에 대하여 길들여진 동물이라 할 수 있다. 그러므로 자신의 생명에 대하여 조금이라도 더 연장하고 싶은 충동이 있을 것이고 이러한 것은 의학적으로 해결하고자 하게 될 것이다. 우수한 의약품이 생명공학방법에 의하여 개발이 되면 그 의약품을 이용할 것이고 그리고 그 결과에 만족할 것이다. 그리고 식량자원에 대하여 생각을 해보자. 인간은 일정한 에너지를 음식으로 섭취하여야 생활이 가능하다. 그러나 인구 증가에 의하여 현재 지구상의 자원과 식량자원이 고갈되면 우리들은 어떻게 할 것인가? 지금의 생명공학 기술은 이러한 새로운 식량자원 확보를 위하여 이용될 수 있고 지금보다 더욱더 지보된 생명공학에 의해 개발된 새로운 식량자원을 우리는 이용하게 될 것이다. 단순한 두 가지 예에서 우리들이 생각해야 할 문제는 의약품이나 식량자원이나 안전성의 문제를 우선으로 생각해야 할 것이고 연구자들도 충분히 이러한 문제를 고려하여 연구를 해야 될 것이다.

또 다른 문제를 생각해보자 생명공학의 발달은 인간배아줄기세포를 탄생시켰으며 이들 세포는 치매, 당뇨병, 심장병, 파킨스병과 같은 난치병의 치료에 가장 효율적인 방법이라고 과학자들은 주장하고 있다. 그러나 이러한 세포를 확보하기 위해서는 인간의 수정란이 필요하게 되며 연구가 확실하게 난치병을 치료할 수 있을 것으로 판단이 되면 너나없이 모든 연구자들은 이러한 세포의 확보를 위하여 인간의 수정란을 확보하고 이용하게 될 것이다. 여기에서 인간의 탄생과 생명의 시작은 어느 시점인가라는 문제가 야기된다. 연구에 반대하는 사람들은 인간 수정란이 만들어진 순간부터 생명체로 보아야 하기 때문에 줄기세포추출을 위하여 수정란을 이용하는 것은 생명을 죽이게 되는 살인 행위여서 생명의 존엄성을 훼손한다는 입장이다. 그러나 줄기세포를 이용한 난치병 치료법은 지금으로서는 매우 가능성이 높은 방법으로 연구자들은 연구에 박차를 가하고 있다. 이러한 두 가지 의견에 있어서 생명윤리문제를 피하기 위하여 몇몇 연구자들은 이종간 줄기세포 확보를 위하여 연구에 심혈을 기울이고 있다. 이러한 문제에 있어서는 그

국가의 이익을 위해서도 한발 빠르게 대처하는 국가들도 있다. 영국은 인간배아줄기세포 연구를 위한 배아복제를 허용하고 있으며 미국에서도 최근 국가재정지원을 배아줄기세포 연구에 투자하기로 하였다. 국내에서도 인간배아줄기세포에 대한 연구를 시작하고 있으며 과학기술부에서 생명윤리자문위원회를 구성하여 전체적인 연구를 통제하고 있다. 이러한 배아줄기세포의 개발을 위한 배아복제를 허용하는 국가에서도 철저하게 복제된 배아를 대리모에 이식하는 것은 금지하고 있다. 그러나 몇몇 연구자들은 복제방법을 이용하여 복제인간을 만들겠다고 발표하고 있고 이러한 문제에 대해서는 전 세계적으로 공동대처 하는 방안이 확립되어야 우리들은 인간 생명의 존엄성을 확보하면서 새로운 기술을 이용할 수 있을 것이다.

조금은 윤리적인 문제와 관련이 덜하다고 할 수 있는 복제동물, 유전자 조작된 동물에 대하여 생각해보면 지금의 동물생명공학은 소, 돼지, 쥐, 고양이 등에서 복제동물이 탄생하고 있다. 이러한 기술의 응용은 우수한 품종의 가축을 증식할 수 있는 것과 멸종되어 가는 동물의 증식에도 이용이 가능하고, 또한 동물복제방법을 이용한 형질전환동물의 생산에도 이용 가능하다. 이와 같은 문제는 안전성 문제와 같이 윤리적인 문제로 동물보호 측면을 염두에 두고 생각할 수 있다. 먼저 동물보호 문제를 생각하면 동물을 이용한 실험은 생명공학 연구를 수행하는데 있어서 필수적이라고 할 수 있는데 이러한 것은 인간을 직접 실험에 이용할 수 없는 문제와도 결부되고 있으며 동물의 생리가 인간과 매우 유사하여 여러 가지 의약품의 테스트, 치료실험 등 인체치료의 전 단계에서 많이 이용되고 있다. 또한 순수과학의 기초 실험을 위해서도 많은 동물들이 이용되고 있다. 그러나 동물은 인간과 같이 아픔과 두려움을 느끼며 감정을 가지고 있는 생명체이다. 그러므로 동물실험에 있어서는 모든 동물실험의 수칙을 잘 지킬 수 있도록 하여야 하며 동물의 정신적, 육체적 고통을 최소화하도록 실험이 설계되어야 한다. 그리고 이러한 동물을 이용할 때에는 연구목적에 부합되도록 최소한의 이용에서 연구가 성공할 수 있도록 연구자들은 주의를 기울여야 한다. 이렇게 심혈을 기울이게 되면 연구자들은 인간의 유익한 연구에 동물들이 희생되는 것을 인간 중심적으로 생각하지 않고 서로 공존하는 유익한 사회가 되도록 노력하게 될 것이다. 안전성 문제에 대하여 생각해보면 이것은 인간의 건강과 직접 관계가 있는 것이다. 우수한 고기를 생산하는 소를 복제하였을 때 소비자들은 복제소의 고기를 우수하다고 하여 구입할 것인가? 우선 생각해야 될 문제가 이러한 복제소의 고기를 섭취하였을 때 인간에 미치는 영향들에 대하여 안전성 문제를 연구하여야 하며 현재 복제소에 대해서는 미국과 일본에서 안전한 것으로 판정하여 빠른 시일 안에 판매를 시작할 것으로 보고되고 있다. 그러므로 국내에서도 여러 차원에서 이러한 가축의 안전성 문제를 연구하여 소비자에게 안정감을 가질 수 있도록 노력하여야 한다. 또한 이러한 복제 방법에 의하여 인간에 이용할 유전자 조작된 동물이 탄생하게 되어도 안전성 문제는 철저하게 조사 연구하여 이용될 수 있어야 한다.

이와 같은 윤리적인 문제와 안전성 문제는 연구자 개개인이 결정할 문제가 아니고 국가적 차원에서 연구를 지원하고 그 문제점을 해결할 수 있어야 하고 특히 윤리적인 문제는 연구자들이 심도 있게 생각하고 여러 정부관계자 및 시민 단체와 공동으로 토의하면서 해결해야 된다. 그러나 한 가지 생각해야 될 문제는 동물생명공학 산업에 의한 경제적 가치와 인간의 복리 증진에 이용될 수 있다는 장점을 생각하여야 한다.

제3편

동물자원을 이용한 가공식품생산

제6장

동물을 이용한 식품생산

1. 동물성 식품이란?

1.1. 개 요

동물로부터 얻을 수 있는 식품은 고기류, 우유, 알 및 그 가공품 및 부산물 등으로 식물성식품에 비하여 양질의 단백질을 섭취할 수 있는 것이 가장 큰 장점이라 할 수 있다. 이러한 단백질은 인체에서 합성되지 않는 Arginine, Lysine, Threonine, Histidine, Tryptophan, Isoleucine, Valine, Leucine, Methionine, Phenylalanine 등의 필수아미노산 (essential amino acids)을 얻을 수 있다.

식품은 그 원료에 따라 농산, 축산 및 수산식품으로 구분된다. 농산식품은 곡물이나 채소와 야채 등을 말하며, 축산 식품은 고기, 우유, 계란과 그 가공품 및 부산물 등으로 영양소가 풍부한 식품이다. 한편 수산식품은 생선이나 생선을 이용한 가공품으로 삼면이 바다로 둘러싸인 우리나라의 경우 수산식품이 풍부한 실정이다. 우리나라의 식생활은 예전의 곡물위주의 단순한 식생활로부터 탈피하여 영양소의 부족을 보충하기 위하여 동물성식품의 소비가 촉진되고 있으며 과실 및 야채류와 균형을 이룬 균형식 (balance diet)이 가장 효과적이라고 보고되었다. 이를 위하여 균형 있는 영양소의 섭취는 탄수화물, 지방, 단백질, 무기물 비타민 등의 5대 영양소로 구성되어 있다.

국민소득의 증대에 따라 식생활의 소비 성향이 바뀌어 동물성식품의 섭취가 증가되고 있으며 이로 인한 비만, 고혈압과 순환기 계통에 장애를 일으키는 성인

병들의 발병률이 높아가고 있다고 보고되고 있다. 과연 동물성 식품이 위와 같은 성인병의 원인이 될 수 있을까? 반드시 그렇지는 않다. 왜냐하면 동물성식품에 포함되어 있는 구성성분 중에서 과다한 지방의 섭취가 비만이나 관상동맥계의 질병을 유발하고 있어서 지방의 섭취를 절제하고 적정량의 탄수화물을 섭취한다면 성인병이 충분히 예방 될 수 있다고 한다. 미국심장학회의 보고에 의하면 섭취한 지방에서 유래되는 칼로리가 총 칼로리의 1/3 이상 넘지 않을 것과 포화지방산에서 유래되는 열량이 총 열량의 10%를 넘지 않도록 권장하고 있는 것도 다 이런 이유에서 유래된다.

1.2. 동물성 식품과 건강

가. 동물성 식품과 영양적 가치

1) 우수한 단백질의 급원

생체의 유지와 성장을 위하여 필요한 영양소는 단백질이다. 단백질은 아미노산 (Amino acids) 이라는 구성성분이 공유결합에 의한 펩타이드 (peptide)의 형태로 구성되어 있으며 성장기의 어린이나 질병의 회복을 위하여 단백질을 필요로 하는 환자에게 있어서 양질의 단백질을 공급하는 것은 무엇보다도 중요하다. 특히 우수한 단백질원은 우리 생체에서 합성되지 않은 필수아미노산 (essential amino acid)을 공급하여 생체의 유지 및 활력을 높이며 이와 같은 양질의 단백질을 공급하기 위하여 섭취해야 할 음식은 무엇보다도 동물성 식품이다. 동물성식품 중에서 특히 육류 속에는 약 20% 이상의 단백질이 포함되어 있고 다른 단백질에 비하여 소화율이 높은 장점을 지니고 있다. 또한 우유에는 약 3% 이상의 단백질이 포함되어 있으며, 계란에는 전란의 경우 12.7%, 난황의 경우 16.2% 및 난백의 경우 10.2%가 포함되어 있어서 값싼 양질의 동물성 단백질의 급원으로 계란을 추천하고 있다.

특히 식육단백질은 그 함량이 약 20% 내외로 그 기능 및 용해성에 따라 근원섬유단백질 (염용성 단백질), 근장 단백질 (수용성 단백질), 및 결합조직 단백질로 나뉘며 그 기능은 다음과 같다.

㉮ 근원섬유 단백질(염용성 단백질): 저 농도에 식염에서 용출되는 단백질로, 식육단백질의 약 50% 이상을 차지하고 있다. 대표적인 것으로 액틴 (Actin)과 미오신(myosin)이 있으며, 생체내에서는 근육 수축에 관여하고, 식육으로서는 식염의 첨가와 함께 육제품의 기능성과 조직에 밀접한 관계가 있다.

㉯ 근장 단백질 (수용성 단백질): 일반적으로 수분에 녹는 단백질로서 대부분의 효소나 육색소인 myoglobin이 여기에 속한다.

㉰ 결합조직 단백질 (불용성 단백질): 콜라겐 (collagen), 엘라스틴 (elastin), 및 레티큘린 (reticulin) 등이 여기에 속하며 결합조직이 많이 함유된 식육은 통상 저급육으로 분류된다.

표 1. 식육 중 아미노산 함량 [1]

(mg/100 g)

식 품	이소루신	루신	라이신	함황아미노산	방향족아미노산
돼지고기	770	1,300	1,400	680	1,250
쇠고기	790	1,400	1,400	660	1,230
말고기	980	1,700	1,900	770	1,540
오리고기	703	808	882	407	637
닭고기	830	1,400	1,500	700	1,250
양고기	921	1,623	1,856	706	1,525

2) 생체에 필요한 지방의 급원

식육에 포함되어 있는 지방은 가축의 품종이나, 연령, 사양조건에 의하여 변화가 심하고 그 성질도 다르다. 근내지방은 (Marbling) 특히 우육의 등급에 지대한 영향을 미치게 된다. 따라서 고급육이란 살코기 속에 지방이 골고루 분포하고 있으며 고기색은 선홍색을 나타내고, 윤기가 나며 지방색은 우유 빛이 나는 식육을 말한다.

지방은 분해되어 탄수화물이나 단백질보다 2배 이상 고 열량의 칼로리를 내는 동시에 우리 몸에서 세포벽의 구성성분이고 생리대사에 중요한 역할을 한다. 특히 세포막의 구성성분이며 성호르몬의 전구체로서 콜레스테롤이 있으며 체내조직의 적절한 함량의 유지는 필수적이다. 포화지방산은 탄소의 결합이 모두 단일결합으로 구성되어 있고 불포화지방은 탄소의 결합이 이중결합을 포함하는 것으로 동물성 지방의 대부분은 palmitic (C16), stearic (C18) acid 등과 같은 포화지방산이 많이 함유되어 있으며 이러한 포화지방산은 혈중 콜레스테롤의 양을 높여준다고 보고되고 있어서 과다한 섭취는 규제되어야 한다(표 2).

표 2. 동물성식품에서 주로 나타나는 포화 및 불포화지방산

포화지방산		불포화지방산	
Lauric acid	$CH_3(CH_2)_{10}COOH$		
Myristic acid	$CH_3(CH_2)_{12}COOH$	Oleic acid	$CH_3(CH_2)_7CH=CH(CH_2)_7COOH$
Palmitic acid	$CH_3(CH_2)_{14}COOH$	Linoleic acid	$CH_3(CH_2)_4(CH=CHCH_2)_2(CH_2)_6COOH$
Stearic acid	$CH_3(CH_2)_{16}COOH$	Linolenic acid	$CH_3CH_2(CH=CHCH_2)_3(CH_2)_6COOH$
Arachidic acid	$CH_3(CH_2)_{18}COOH$		

각 식육의 지방은 주로 중성지질로, 지방산의 조성 및 콜레스테롤의 함량을 보면 표 3과 같다.

표 3. 동물성 식품내 지방질과 콜레스테롤 함량 [1]

식 품	가식부 100 g 당 (per 100 g edible portion)					
	콜레스테롤 (mg)	지질 (g)	총지방산 (g)	포화 지방산 (g)	불포화지방산	
					단일 불포화(g)	다불포화 (g)
달걀(생전란)	470	11.2	9.11	3.14	4.37	1.60
쇠고기(안심)	70	16.2	14.1	6.12	7.55	0.39
돼지고기(등심)	55	16.1	23.3	9.95	10.82	2.52
닭고기(가슴)	75	2.4	1.72	0.56	0.83	0.33
양고기(갈비)	75	17.0	13.1	6.55	5.76	0.77
오리고기	80	28.6	25.9	7.95	14.0	3.92
토끼고기	65	4.4	4.49	1.91	1.29	1.29

3) 무기물과 비타민의 급원

동물성 식품은 무기물과 비타민의 좋은 급원으로 알려져 있으며 특히 육류속에는 비타민 B군이 많이 포함되어 있을 뿐만 아니라 철분과 무기물의 좋은 급원이다. 우유와 치즈 및 요구르트와 같은 동물성 식품은 생체의 이용률이 높은 칼슘의 좋은 급원이 되며, 장내 세균총의 개선효과가 있어서, 설사 및 변비 개선과 콜레스테롤에 대한 항산화작용이 있어서 건강식품으로 각광 받고 있다. 식육의 무기물은 약 1%로 칼륨, 인, 아연, 철, 나트륨, 칼륨 등이 함유되어 있다(표 4).

표 4. 식육에 함유된 무기물의 양 [1]

고기종류	회분 Ash(%)	mg/100g				
		칼슘 Calcium	인 Phosphorous	철 Iron	나트륨 Sodium	칼륨 Potassium
쇠고기(등심)	1.0	22	174	4.6	442	415
돼지고기(등심)	1.0	6	152	0.8	34	291
양고기(살코기)	1.2	7	210	2.0	–	–
송아지고기(등심)	1.0	16	199	0.7	85	304
닭고기(가슴살)	1.2	3	203	1.8	41	386

나. 동물성 식품과 콜레스테롤

1) 콜레스테롤은 우리 몸에 꼭 필요한 성분이니 적당히 섭취하여야 합니다

콜레스테롤은 세포막의 구성성분이며 부신피질이나 성호르몬의 전구체로서 우리 몸에 필수적으로 존재하여야 하나 과다할 경우 심장이나 순환기계통의 질병을 유발할 수 있다. 또한 동물성 지방에 많이 들어 있는 포화지방산을 과다하게 섭취할 경우에도 혈중의 콜레스테롤의 함량이 높게 된다. 모든 동물은 체내에 콜레스테롤을 가지고 있고 사람의 경우에도 마찬가지로 100~150 g의 콜레스테롤을 함유하고 있어서 여러 부위에서 각각 중요한 역할을 수행하고 있다.

2) 콜레스테롤의 운반체로서 리포 단백질(lipoprotein)이 있습니다

리포단백질은 비중에 따라서 초 저비중 리포단백질(very low density lipoprotein, VLDL), 저 비중 리포 단백질(low-density lipoprotein, LDL), 고비중 리포 단백질(high density lipoprotein, HDL)이 있다. VLDL은 지방분해효소에 의하여 LDL로 되고 LDL은 세포내 콜레스테롤을 운반하는 LDL과 지질을 운반하는 VLDL의 혈중농도가 높으면 콜레스테롤을 동맥에 침착시켜서 나쁜 콜레스테롤 콜레스테롤이라고 칭한다. 반면 HDL은 세포로부터 남은 콜레스테롤을 받아 간장으로 운반함으로써 여분의 콜레스테롤을 회수하기 때문에 좋은 콜레스테롤이라고 칭한다. HDL이 회수한 콜레스테롤은 간장에서 분해되어 담즙산으로 되고 지질의 소화에 이용하게 된다.

3) 동물성식품의 섭취는 오히려 뇌졸중을 감소시킬 수 있습니다

동물성 식품의 섭취 중 과다한 지방의 섭취로 혈중 콜레스테롤의 양을 증가시키지만 오히려 영양 상태를 좋게 하여 혈관을 튼튼하게 하고 따라서 뇌혈관에 충분한 영양공급으로 뇌졸중을 감소시킬 수 있다는 보고가 발표되고 있다. 채식위주의 식단에서 야기되는 영양소의 부족과 뇌혈관의 약화가 특히 과다한 염분과 뇌출혈을 촉진시키고 있으며 이와 같은 연구결과는 결국 뇌혈관의 장애는 섭취한 영양소의 부족으로 해석되고 있다.

2. 식육과 육제품

2.1. 가축으로부터 얻어지는 식육 (축산물가공 처리법)

(1) "가축"이라 함은 소, 말, 양 (산양포함), 돼지 (멧돼지 포함), 닭, 오리, 기타 식용을 목적으로 하는 동물을 말하며,

(2) "식육"은 식용을 목적으로 하는 가축의 지육, 정육, 내장 및 기타부분을 말한다.

2.2. 가축이 식육으로 전환되는 과정: 도축 (Slaughter)

건강한 가축이 도축되어 식육으로 이용되는 과정을 도축이라 하고 도축의 과정은 표 5와 같다.

표 5. 가축의 도축과정

수 송 ➡ 계류 및 절식 ➡ 급수와 안정 ➡ 생체검사 ➡ 수세 및 체중 계량 ➡ 도축의 기절 ➡ 방혈 ➡ 탕박 또는 박피 ➡ 해체 및 내장적출 ➡ 도체의 분할 ➡ 도체의 수세 ➡ 냉각

2.3. 위생적인 도축

사육과정과 마찬가지로 도축과정은 육질에 지대한 영향을 미치며, 식육 품질관리의 제일 중요한 요소로 작용한다. 고급육질의 식육을 얻기 위해서는 먼저 출하되는 가축의 올바른 선정과 출하농장에서부터 도축 후까지 도살 전의 위생적인 취급법과 다음과 같은 처리가 필수적이다.

① 생산지 근거리 도축장

② 출하가축의 적절한 선발

③ 도축전 가축의 적절한 취급법

④ 도축전 적절한 계류

⑤ 고통 없는 기절 및 완전한 방혈

⑥ 위생적으로 처리된 내장적출과 이분체

⑦ 신속한 예냉

2.4. 도체등급제(Meat Grading) [2]

도체(carcass)란? 가축을 도살 및 해체하여 좌우 2등분한 것으로 뼈와 고기가 붙어있는 것이다. 일단 냉각된 도체는 등급판정을 받게 되는데 이는 도체의 특징과 가치, 중요성에 따라서 육량과 육질로 분류하여 일정한 기준에 따라서 상품화와 편리한 유통과 생산과 소비의 기준으로 공정성에 기여한다. 도체등급제란? 도축된 가축이 식육으로서 품질을 평가받는 것으로 객관적이고 과학적인 거래지표를 확립함은 물론 전국적으로 통일된 거래규격을 확립하고 생산지표와 가축 출하지표를 설정하는 데 도움을 준다. 이러한 등급판정으로 인하여 소비자는 구입의 선택의 폭이 넓어지고, 유통업자에게는 신뢰를 구축하고 판매이익 등의 예측이 가능하게 하며, 생산자의 입장에서는 보다 품질 좋은 축산물 생산으로 소득증대에 기여하게 된다[2]

소 도체의 경우 육량등급과 육질등급이 있다. 육량등급은 소의 도체로부터 얻을 수 있는 고기의 양을 등지방 두께, 배최장근 단면적 및 도체중량에 의한 지수로 표현한 것이고, 육질등급은 쇠고기의 질을 근내지방도, 육색, 지방색, 조직감 및 성숙도에 따라 분류한 등급을 말한다. 근내지방도는 1에서 9번까지 분류되며 (그림 1) 지방의 침착도에 따라서 육질등급을 정하는 중요한 지표가 된다. 한편 육색은 배최장근의 색으로 밝은 선홍색을 띄며 지방색은 우유 빛을 나타낸다. 그 외에 조직감 및 성숙도로 육질등급을 평가하게 된다. 따라서 소도체의 경우 3가지의 육량등급(A, B, C)와 5가지의 육질등급(1^{++}, 1^{+}, 1, 2, 3)으로 총 15가지와 등외를 포함한 총 16가지로 평가된다. 한편 2019년 12월 1일부터 시행된 쇠고기

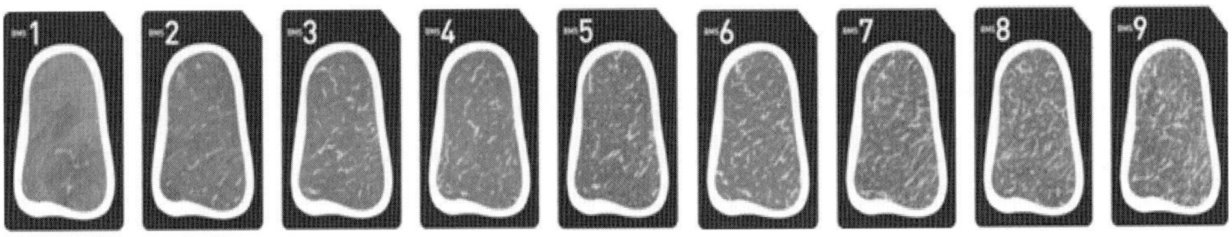

그림. 1. 쇠고기의 근내지방도 [2]

등급기준은 기존의 평가방식에서 일부 수정되었는데 1^{++}의 경우 기존의 근내지방도 No. 8과 9에서 7^{+}와 7^{++}을 포함하며, 1^{+}의 경우 근내지방도 No. 6, 7에서 기존의 5^{++}, 6 및 7°를 포함하게 되었다. 육질등급 평가방식도 근내지방을 먼저 평가하여 예비등급을 설정하고 다른 육질 평가 요인인 육색, 지방색, 조직감 등 결격사유에 따라 등급을 하향하는 방식에서 탈피하여 육질 평가 등급인 5가지 항목(근내지방도, 육색, 지방색, 조직감)등을 개별적으로 평가하고 이중 최하위 결과를 최종등급으로 정하는 방법으로 결정하였다. 특별히 1^{++}의 표시방법도 1^{++}(근내지방도 7, 8, 9로 구분 표시)로 병행 표기하기로 결정되었다. 이는 고품질 한우를 쉽게 구분하고 한우를 선택하는 소비자의 기호에 맞게 선택할 수 있게 하였다. 한편 육량등급에 있어서도 기존의 동일한 육량산식에서 벗어나 육량산식을 성별, 품종별로 달리하여 그 계산식으로 결정하였다[2].

돼지도체의 등급 판정기준은 통상 1차와 2차로 구분하여 결정하는데 1차와 2차 결과 중 가장 낮은 등급을 최종등급의 판정한다. 1차 판정은 도체중과 등지방두께에 의하여 1차 등급을 판정한다. 2차 판정은 2분할된 도체를 보고 외관과 육질과 결함항목의 세부사항을 종합적으로 평가하여 실시한다. 최종 등급의 판정은 1^{+}, 1, 2, 및 등외등급을 도체에 표시한다.

닭고기의 경우 품질등급에 있어서 도체부분은 외관, 비육상태, 지방부착도, 기털, 잔털, 신선도, 외상, 변색 및 뼈의 상태를 기준으로 하여 1^{+}, 1, 2 등급으로 구분되며, 부분육은 외관판정, 투광판정, 할랄판정을 기준으로 1, 2 등급으로 구분된다. 한편 중량규격은 특대(1415 g 이상), 대(1251~1450 g), 중(951~1250 g), 중소(651~950), 및 소(451~650 g)로 구분된다.

오리도체의 등급판정은 외관, 비육상태, 지방부착, 깃털 잔털, 신선도, 외상, 변색과 뼈의 상태를 기준으로 1⁺, 1, 2로 구분한다. 계란등급판정은 외관, 투광 및 할란판정을 통하여 1⁺, 1, 2로 구분되며 중량으로 왕, 특, 대, 중, 소로 구분한다.

2.5. 식육 및 육제품의 위생처리기법 [3]

위해요인분석 및 중점관리기준(Hazard analysis and critical control points, HACCP)은 원래 1959 미국의 Pillsbury사의 식품회사에서 우주식량의 안전화를 꾀할 목적으로 식품의 원재료로부터 제조 및 저장에 의해 유통단계를 거쳐 최종 소비자가 섭취하기 전까지 오염될 수 있는 물리, 화학적 및 생물학적 위해요인들(Hazards)을 규명하고 그 위해요인들이 오염될 수 있는 중점관리점(Critical Control Point, CCP)을 정하여 그 부분을 집중적으로 관리하여 위생적인 식육제품의 생산을 가능케 하는 위생처리제도로서 우리나라에서는 2000년 7월부터 단계적으로 실시하고 있다.

가. 위해요인 (Hazards)

① 생물학적 위해요인: 세균, 바이러스, 기생충 및 곰팡이 등

② 화학적 위해요인: 항생제, 살충제, 첨가물 및 보존료 등

③ 물리적 위해요인: 작업장내의 불순물, 먼지, 금속 파편 등

나. 중점관리점 (Crictical control point)

중점적으로 관리하지 않으면 제품의 위생 및 안전성에 심각한 문제를 일으킬 수 있는 가공공정 단계

다. 위해요인 분석 및 중점 관리점 7가지 원칙

① 위해요인 분석: 공정 중에 발생할 수 있는 위해요인을 분석

② 중점관리점 지정: 위해요인이 오염될 수 있는 중점관리점을 설정함

③ 허용기준 설정: 위해요인의 허용기준을 설정함

④ 중점관리점 모니터링 요건 확립: 중점관리점을 조절하는 시스템 확립

⑤ 시정조치: 허용기준을 초과 시 시정조치를 개발함

⑥ 기록유지: HACCP가 잘 유지되도록 기록을 유지함

⑦ 정기적인 점검: 정기적인 평가와 점검을 통해 HACCP 시스템을 적절히 관리

2.6. 쇠고기의 품질 및 평가

가. 냉장육과 냉동육

고기를 저장하는 경우 냉장(4℃)이나 냉동법(-18℃)을 사용하게 되는데 냉장육이 냉동육보다 품질이 우수하고 관능성이 좋다. 왜냐하면 고기는 일단 냉동시키면 냉동 중에 생성된 얼음결정이 육조직을 파괴하고 해동과정 중에 얼음결정이 녹으면서 맛을 내는 수용성 단백질이 빠져나오기 때문에 맛이 없게 될 뿐만 아니라 영양적인 손실을 가지고 온다. 반면 냉장육은 동결상태가 아니기 때문에 저장 중 약간의 수분감량이 있을 뿐 오히려 숙성에 부드러워지며 풍미가 좋아지게 된다.

나. 우수 축산물 브랜드 인증

우수 축산물 브랜드화 인증은 축산물의 품질, 위생 및 안전성을 중점으로 관리상태 및 품질차별화 등의 다른 축산물 경쟁제품과의 차별화를 꾀하고 나아가 우위성을 확보하고자 한다. 선정과정은 인증위원회에서 소비자 단체, 유통업체, 생산자 단체, 관련단체로 구성되어 체계적이고 과학적인 실사가 진행된다. 2005년부터 실시된 우수 한우 브랜드로 대관령 한우, 안성마춤한우, 장수한우, 팔공상강우, 횡성한우 등 매년 우수 한우 브랜드가 선정되고 있다[4].

다. 사후강직은 고기를 질기게 하고 숙성은 고기를 연하게 만든다.

소와 돼지와 같은 가축을 도축한 후 냉장상태에서 약 하루가 경과하면 근육이 단단해지고 신전성이 없어지면서 질기게 되는 현상이 나타나는 데 이러한 현상을 사후강직(Rigor mortis) 이라고 한다. 사후강직시기에 접어들면 풍미가 저하되고 고기가 비교적 질기게 되므로 사후강직 후 냉장상태에서 약 2~3일 가량 저장한 후 섭취하면 부드러운 고기를 섭취할 수 있다. 이것은 고기 속의 칼페인(Calpain)이라는 효소가 작용하여 근육단백질의 자기소화와 함께 단백질 분해에 의해 고기의 육질을 연하게 하는데 이와 같은 숙성(Aging)은 반드시 필요하다. 숙성은 건식(dry aging) 및 습식(wet drying) 숙성이 있는데 기존의 습식숙성은 식육을 진공포장하여 냉장온도에서 일정기간 동안 보관하면서 연도와 풍미가 증가한다. 반면 건조숙성은 진공포장하지 않고 냉장상태로 보관하는 것으로 습식숙성과 마찬가지로 연도개선 효과가 있을 뿐 아니라 포장을 하지 않음으로써 수분증발에 의한 맛고 풍미가 증진하지만 공기의 노출에 의하여 수분 증발이 많아지며 곰팡이와 같은 미생물의 오염과 증식을 고려하여 철저한 위생관리가 필요하다[5].

라. 저장방법과 조건에 따라 쇠고기의 기호성은 바뀐다.

사후강직이 끝나고 숙성이 완료된 고기는 즉시 소비되지 않으면 저장을 하게 되는 데 저장을 위한 포장방법에는 진공포장, 함기포장 및 공기조절포장이 있다. 진공포장은 부분육 부위를 저장하기 위하여 공기를 탈기시켜 저장한 것으로 호기성 유해한 미생물의 성장을 억제시켜 저장성을 증가시키는 방법이나 육색이 적자색을 나타냄으로써 소비자의 기호성을 낮추는 결과를 초래한다. 한편 랩을 이용한 저장방법으로 육색이 선홍색을 띄고 외관이 좋아 보이지만 저장성이 떨어지는 결점을 가지고 있다. 이와 같은 두 가지 포장방법의 잇점을 이용한 공기조절포장이 있는데 산소 이외의 질소나 이산화탄소를 다양한 비율로 주입하여 포장하는 방법이다. 이때 산소는 육색을 선홍색으로 유지시키고 탄산가스는 정균작용을 하며 질소는 비활성기체로서 포장지내의 압력을 유지시켜주는 역할을 한다.

마. 한우고기의 올바른 보관 및 조리방법

냉장육은 랩(wrap)으로 포장하여 0~4℃의 냉장실에 보관하며 약 5~7일 정도 보존이 가능하고 냉동육은 랩으로 밀착, 포장하여 표면건조 및 변색을 방지하고 공기와의 접촉을 차단하여 산패를 지연시킨다. 냉동육은 냉장육에 비하여 육질이 떨어지고 해동시 육즙에 의한 영양분이 손실되기 때문에 육류는 가급적 냉장상태로 조리하는 것이 바람직하다. 조리방법은 건열조리법과 습열조리법이 있으며 등심이나 안심과 같은 고급부위는 구이와 같은 건열법을 사용하고 맛의 증진을 도모하며, 사태와 같이 결합조직이 많아 질긴 부위는 장시간 습열조리 방법으로 부드럽게 가열하여 섭취할 수 있다.

바. 고기섭취시의 포도주 한잔은 소화를 촉진시킨다.

과실류에 존재하는 단백질 분해효소는 식품에 첨가되어 다양한 온도와 pH의 범위에서 작용하여 조직감을 부드럽게 하며 식감을 좋게 한다. 이러한 과실을 이용한 포도주를 비롯한 과실주에는 다량의 단백질 분해효소가 들어 있어서 육류의 섭취시 과실주를 마시면 소화를 촉진하게 된다. 한편 불고기를 비롯한 양념육의 제조에 있어서도 배나 키위와 같은 과실류의 첨가는 과실류에 다량 함유한 단백질 분해효소로 인해 고기의 연도를 증진시켜 부드러운 육질을 갖게 된다.

사. 쇠고기의 부위별 영양

쇠고기의 대분할 부위는 총 10가지로 사태, 목심, 앞다리, 등심, 갈비, 채끝, 안심 설도, 우둔 및 양지로 구분된다. 쇠고기는 이와 같이 부위에 따라서 영양성의 차이를 보이나 비교적 맛이 좋고 영양가가 풍부한 양질의 동물성 단백질로서 국내뿐만 아니라 세계적으로 많이 소비되고 있는 육류의 한 종류이다. 한국 특유의 전통소인 한우(Hanwoo)는 예전의 농가의 일을 돕는 역용우에서 현재는 고열량 농후사료를 이용한 근내지방이 풍부한 상강육의 발달로 등급이 높은 고급육으로 생산되고 있다. 우리나라에서는 구이나 불고기의 형태로 고기에 야채와 양념을 버무린 상태로 주로 소비되고 있는 실정이고, 최근 들어 구이로 섭취하는 경향이 늘어나고 있다.

2.7. 돼지고기의 품질

가. 돼지고기의 특성

돼지고기는 비육된 돼지를 도살해서 얻는 고기로 우리나라의 경우 전체의 고기 소비량에 절반 이상을 차지하고 있다. 품질 좋은 돼지고기는 연한 분홍빛을 띄며 살코기는 단단하며 결이 곱다. 또한 내부에 지방이 고루 침착되어 있고 바깥층이 단단한 외부지방으로 둘러싸여 있다. 돼지고기 부위 중 목심과 삼겹부위는 신선육으로 소비되며 후지나 등심은 햄이나 소시지의 원료로 가공된다. 돼지고기는 또한 Trichinella와 같은 기생충인 선모충병에 감염되기 쉬워서 기생충 사멸을 위해서 조리할 때 고기 내부조직이 밝은 회색이 되도록 완전히 익혀서 섭취하여야 한다.

나. 고품질 돼지고기란 무엇인가?

최근의 고품질 돼지고기는 모든 소비자가 맛있다고 느낄 수 있는 관능성이 좋고 위생적으로도 안전하게 처리된 돼지고기를 말한다. 돼지고기의 평가는 맛, 색, 조직감 등을 관능적인 검사로 평가할 수 있는데 이러한 관능검사 평가법은 주관적인 평가법이므로 개인적인 취향이나 선호도에 따라서 달라질 수 있다. 그러나 이러한 평가법으로 모든 소비자가 맛있다고 느낄 수 있는 돼지고기를 정확히 평가하는 데는 기술적인 한계가 있다. 이를 보완할만한 객관적인 평가법으로는 부착성, 콜라겐 함량과 근섬유 등을 측정하거나 돼지고기 지방의 지방색과 수분, 융점 등의 품질평가와 함께 이미 언급한 돼지 등급판정을 통한 객관적인 평가법이 있다. 아무리 품질이 우수하다고 하더라도 위생적이고 안전한 돼지고기의 생산은 돼지 생산 농가는 물론 도축, 가공 업체와 유통과 소매점까지 즉 돼지고기가 소비자에게 도달하기까지 관계하고 있는 모든 종사자의 공동노력이 있어야 가능하다.

다. 돼지고기와 장수비결

돼지고기 섭취와 장수의 비결이 일본 오키나와 지역에서 보고되었다. 오키나와는 본토와는 멀리 떨어져 독자적인 역사와 전통을 만들어 온 현이므로, 다른 현과 동일한 기준으로 논의할 수는 없을 것이다. 그래서 더욱 시사하는 바가 크다. 지금까지는 오키나와의 장수 비밀은 본토에서 멀리 떨어져 있고, 기후가 온난하고, 외부와의 접촉이 비교적 적기 때문에 주민들에게도 스트레스가 쌓이지 않고 규칙적인 생활을 하기 때문이라고 추측하는 사람이 많았다. 그러나 지금에 와서도 오키나와가 계속 장수촌을 유지할 수 있는 이유는 따로 있었다.

그것은 오키나와가 전통적으로 돼지고기를 대량으로 섭취해 왔다는 것이다. 이 전통이야말로 세계 제일의 장수 지방으로 된 오키나와의 결정적 요인 중 하나이다. 물론 육류 위주의 식사전통은 서양의 많은 나라가 훨씬 앞섰다. 그러나 서양의 경우는 육류의 과다 섭취로 인한 심장병 등 성인병을 초래하는 결과를 낳았다. 그러한 관점에서 오키나와의 육식은 우연이지만 매우 적정한 양으로 다른 식품과도 균형이 매우 적절하였다. 또한 돼지고기뿐만 아니라 저염 식품과 다시마와 같은 천연 식품을 이용하면서 부지런히 일한 덕분으로 간주하고 있다[6].

라. 돼지고기의 부위별 용도 및 특성

돼지는 목심, 갈비, 등심, 삼겹, 안심, 앞다리, 뒷다리 등 7가지 대분할로 구성되어 있다 (그림 2).

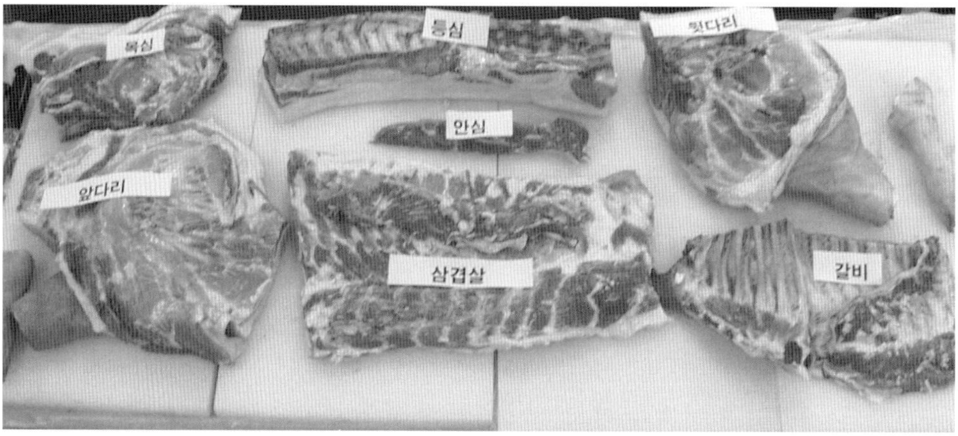

그림 2. 돼지고기의 부위와 명칭

1) 목심 (Boston But)

- 용도 : 구이, 주물럭, 보쌈, 스테이크
- 특징 : 등심과 머리사이의 부위로서 운동량이 많아서 결이 거칠며 단단한 편이다
- 소분할 (1): 목심살

2) 갈비 (Spare-Ribs)

- 용도 : 불갈비, LA갈비, 갈비찜
- 특징 : 옆구리 갈비의 첫 번째부터 다섯 번째까지를 말하며 육질이 쫄깃쫄깃하여 풍미가 뛰어남.
- 소분할 (3) : 갈비, 갈비살, 마구리

3) 등심 (Loin)

- 용도 : 돈가스, 잡채, 샤브샤브, 포크찹
- 특징 : 등쪽에 길게 형성된 단일근육으로 고기의 결이 곱고 지방이 없는 편이라 맛이 담백함
- 소분할 (3) : 등심살, 알등심살, 등심덧살

4) 삼겹살 (Belly)

- 용도 : 로스구이, 수육, 베이컨
- 특징 : 근육과 지방이 삼겹으로 층을 이루고 있는 복부 근육으로서 육질이 부드럽고 풍미가 좋음
- 소분할 (5): 삼겹살, 갈매기살, 등갈비, 토시살, 오돌삼겹

5) 앞다리 (Picnic-Shoulder)

- 용도 : 불고기, 찌게, 보쌈, 만두속
- 특징 : 어깨부위의 고기로 근육이 잘 발달 되어 있고 지방이 적어 다용도로 조리할 수 있음
- 소분할 (6) : 앞다리살, 앞사태살, 항정상, 꾸리살, 부채살, 주걱살

6) 뒷다리 (Ham)

- 용도 : 돈가스, 장조림, 탕수육, 불고기
- 특징 : 불기 부위의 고기로 살집이 두텁고 지방이 적어 담백한 맛을 내는 요리에 적합함
- 소분할 (6) : 볼기살, 설깃살, 도가니살, 홍두깨살, 보섭살, 뒷사태살

7) 안심(Tenderloin)

- 용도 : 로스구이, 주물럭, 스테이크
- 특징 : 허리 안쪽에 있는 지방이 없고 살코기로 구성되어 육질이 부드럽고 연한 부위
- 소분할 (1) : 안심살

2.8. 기타 식육의 특성

가. 닭고기(Chicken)

닭고기(chicken)는 소고기나 돼지고기에 비하여 저지방 고단백으로 섬유가 섬세하고 가슴살에는 백색근육이 많고, 그 맛은 담백하지만 다리는 적색근육이 있고, 그 맛은 가슴살보다 월등하게 진하다. 닭 표피는 주로 결체조직이 많으나 연해서 식용에 쓰이고 있다. 계육도 육용종이 우수하고 이어서 겸용종이 좋으며, 난용종은 육질과 육량면에서 모두 떨어진다.

나. 오리고기

오리고기(duck)는 육류중에서 알카리성으로 인체의 산성화를 막아주며 노화방지 및 피부에 활력을 주어 우수한 식육으로 분류된다. 또한 오리에는 불포화지방산이 소나 돼지고기 보다 많이 함유되고 있고 최근들어 닭고기와 오리고기의 소비가 지속적으로 증가하고 있으며 전남지역에서 약 40% 이상이 사육되고 있는 실정이다.

다. 양고기(Mutton)

성숙한 면양고기를 머튼(mutton)이라 하고 새끼양고기를 램(lamb)이라 한다. 고기는 밝은 적색 또는 암적색으로 근섬유는 섬세하고 고기가 부드럽다. 양의 지방은 순백색으로 융점은 높아서 44~55℃로 축육 중에 지방이 가장 단단하다. 따라서 차가운 양고기 기름은 입속에서 잘 녹지 않아서 wax 같은 것을 느끼기 때문에 따뜻한 고기를 먹어야 한다. 특히 늙은 양고기는 특이한 냄새가 있다. 이것은 양기름의 휘발성 지방산에 원인이 있다고 한다. 적당히 비육시킨 새끼 양고기는 맛이 좋지만 지나치게 비육시킨 것이나 영양상태가 좋은 성숙 양은 지방이 많다. 따라서 양고기는 적당한 양의 지방을 침착시키는 것이 좋다고 알려져 있다.

라. 말고기(Horse Flesh)

말은 원래 역용(work)이나 승마용으로 식용은 이들의 폐가미가 많고, 좋은 말고기는 구하기가 힘들다. 말고기(horse flesh)는 암적색으로 근섬유는 섬세하다. 결합조직이 많고 근육내에 지방교잡이 없어 고기 질이 질기다. 지방은 황색 또는 갈황색이 많고, 융점은 29.5～43.2℃, 응고점은 27～30℃로 유연하다. 말고기는 글라이코젠 (glycogen)을 많이 함유해서 단맛이 있는 것이 특징이다.

마. 토끼고기(Cony meat)

토육(cony meat)은 담홍색으로 섬유는 섬세하고 치밀하다. 맛은 담백해서 닭고기와 유사하다. 지방함량이 적은 토끼고기는 결착력이 강해서 육가공원료의 하나로 중요시되어왔다.

2.9. 식육가공품

육가공제품은 원료육과 제조공정에 따라 분류되며, 가장 대표적인 육가공 제품은 햄(ham), 소시지(sausage), 베이컨(bacon), 캔제품(canned products) 등을 들 수 있다. 햄은 주로 돼지고기 뒷다리를 이용하나 등심등 여러 부위로 가공할 수 있는 제품이고, 베이컨은 돼지고기의 삼겹살 부위를 이용한 가공 제품으로 원료육의 지방과 고기 양이 균일하게 발달된 원료육으로 이용하고 있다. 특히 베이컨은 지방이 다량 들어 있고, 제조공정 중에 살균이나 익히는 목적으로 가열하지 않으므로 최종제품이 유통 중에 오염되기 쉽고 저장수명도 짧기 때문에 반드시 가열하여서 섭취하여야 한다. 그러나 돼지고기는 비타민 B1을 많이 함유한 동물성 식품으로서 영양학적 가치가 높게 평가된다. 육가공제품의 대부분은 매우 우수한 단백질원이라는 측면에서 건강증진에 우수한 식품이다. 육가공 제품은 단백질뿐만 아니라 지방 및 콜레스테롤(cholesterol)의 훌륭한 공급원이기도 하지만 가공공정에서 첨가는 첨가물은 과다 섭취시 인체에 해로운 부분이 있기 때문에 최근에는 육가공제조시 첨가되는 첨가물의 저감화나 꼭 필요한 첨가물만을 첨가하는 크린라벨(Clean label)의 개념이 도입되었다.

가. 햄의 종류 및 특성

햄은 주로 돼지의 뒷다리를 이용하여 염지하고 정형하여 훈연 및 가열한 제품으로 가공방법에 따라 가열하지 않고 염지시키는 생햄과, 가열(훈연)시키는 가열햄이 있다. 가공원료에 따라서는 뼈를 그대로 둔 채로 가공하는 본인햄(Bone-in ham)과 뼈를 제거시킨 본레스햄(Boneless ham) 그리고 돈육부위를 그대로 가공한 로인햄, 숄더햄, 안심햄, 피크닉햄 및 밸리햄 등이 있다 (표 6).

표 6. 가공원료에 따른 햄의 종류와 특성 [7]

종 류	특 성
레귤러 햄 Regular ham	돼지 뒷다리를 이용하여 뼈가 있는 상태에서 정형, 훈연, 가열처리하여 제조된 햄이다. 뼈를 제거하지 않았기 때문에 본인햄(bone-in-ham)이라고도 한다.
본레스 햄 Boneless	돼지 뒷다리에서 뼈를 제거하고 레귤러햄과 같이 제조하여 케이싱에 포장하거나 로울링(rolling)하여 제조한다.
로인 햄 Loin ham	돼지의 허리 등심 부위를 정형하여 염지, 훈연 및 가열한 제품이다.
락스 햄 Lachs ham	로인햄에 해당하지 않은 소형의 햄이다.
가열 햄 Cooked ham	돼지 뒷다리를 부위를 발골하여 염지하나 훈연하지 않고 열처리한 제품이다.
프레스 햄 Press ham	식육을 염지하여 결착제, 조미료 및 향신료 등을 첨가한 후 훈연한 것으로 육함량 75% 이상, 조지방이 20% 이하, 전분 8% 이하인 육제품

프레스 햄은 햄과 소시지의 중간단계로 제조 설비가 간단하고, 대량생산이 가능 하며, 단시간에 다양한 제품을 만들 수 있으며 여러 종류의 원료로 부터 생산이 가능하다. 또한 프레스햄은 가격조정이 용이한 장점이 있다. 아울러 재구성햄은 고기조각을 모아서 부친 것으로 Transglutaminase라는 효소를 이용하여 고기와 첨가한 단백질사이에 가교결합을 통해 육질을 단단하게 결착시켜주는 역할을 한다.

나. 베이컨의 종류 및 특성

베이컨은 삼겹부위를 절단하고 염지 후 정형하여 훈연한 제품으로 약 2-5 mm 정도로 얇게 썰어서 포장한 육제품으로 지방의 함량에 따라서 고급 (40% 이하)과 저급(45% 이하)로 구분된다. 베이컨도 부위에 따라서 등심, 숄더, 미트롤 및 사이드 베이컨으로 구분된다 (표 7).

표 7. 가공원료에 따른 베이컨의 종류와 특성 [7]

종 류	특 성
베이컨 Bacon	삼겹살 부위를 절단하고 정형된 것을 염지와 훈연처리하지만 가열처리를 하지 않는다. 우리나라에서는 제조 완료된 원형 베이컨을 2~5㎜ 두께로 얇게 썰어 포장한 후 시판하고 있다.
등심 베이컨 Loin bacon	일반 베이컨과 달리 지방층이 5 mm 이하이고 등심부위에 삼겹부위가 등심쪽으로 1/3정도 부착된 상태에서 절단된 원료육을 사용한다. 일명 캐나다식 베이컨(Canadian bacon)이라 하고, 덴마크식 베이컨 (Danish bacon)도 같은 방법으로 제조된다.
숄더 베이컨 Shoulder bacon	돼지 어깨부위 육을 염지하여 훈연한 것을 말한다.
로울드 베이컨 Rolled bacon	원료육의 두께가 너무 얇아서 좋은 베이컨을 만들기 어려울 때 이것을 안쪽으로 말아서 로울링 하여 만든 제품이다.

다. 소시지의 종류 및 특성

소시지는 식육을 세절 한 후 식염, 인산염, 아질산염 및 향신료를 첨가하여 혼합시킨 후 케이싱에 넣어서 가열시킨 육제품이다. 소시지는 수분 함량이 50%이상인 더메스틱 소시지와 가열하지 않은 생 소시지, 혈액이나 간을 이용한 가열 소시지, 후랭크, 위너 및 볼로나 소시지와 같은 훈연 및 가열한 훈연 소시지와 발효 후 충분히 숙성 및 건조시킨 건조소시지와 단시간에 숙성시킨 반건조 소시지로 구분된다(표 8).

표 8. 소시지의 종류와 특성 [7]

종 류	특 성
생 소시지 Fresh sausage	원료육을 갈아서 양념 등을 넣어 유화시키거나 분쇄한 제품으로 가열처리하지 않고 냉장 또는 냉동상태에서 유통시킨다.
가열 소시지 Cooked sausage	혈액, 간 등과 같은 내장육은 상하기 쉽기 때문에 미리 가열처리한 다음 제조한 제품을 말한다.
훈연 소시지 Smoked sausage	세절된 원료육에 양념을 섞어 훈연과 가열처리를 하는 대표적인 유화형 소시지이다. 우리나라에서 가장 많이 소비되는 후랭크 후르크 소시지(frankfurter), 위너 소시지(wiener), 볼로나 소시지(bologna) 등이 있다.
건조 소시지 Dry sausage	분쇄한 육성분에 향신료와 젖산균을 접종하여 발효시킨 다음 가열처리를 하지 않고 장시간 동안 숙성과 건조를 실시하여 제조된다. 최종 수분함량이 35% 이하이며, pH는 5.0~5.5이다.
반건조 소시지 Semidry sausage	건조 소시지와 제조원리는 같으나 발효에 의해 보다 많은 젖산을 생성시키고, 단시간 내에 숙성과 건조시키기 때문에 수분이 많고 맛이 새콤한 것이 특징이다. 최종 수분함량이 35% 이상이며, pH는 4.7~5.2이다.

3. 우유와 유제품

3.1. 우유와 인간생활

가. 우유 음용의 역사

우유는 아주 오랜 옛날부터 인류에게 영양을 공급해 주는 귀한 식품으로 이용되어 왔으며, 그 역사적 기록이 많은 곳에서 발견되고 있다. 기원전 약 9000년경 야생에서 낱알을 얻어 농경이 시작된 이후에 염소, 양 등을 가축화시켰고 이들로부터 고기, 털, 가죽 및 젖을 이용하였을 것으로 추정된다. 이러한 농축산물은 다른 물품과 교환하는 형태로 더욱 발전한 것으로 생각되고 있다. 그러나 동물의 젖은 다른 농산물과 달리 변질되기 쉬웠기 때문에 신선한 상태로 바로 이용하거나 좀 더 저장성이 부여된 발효된 형태로 이용되었을 것이다. 또한 양젖, 염소젖, 및 산양 젖은 신선한 상태로 이용하는 것보다 발효된 상태가 기호성이 더 좋기 때문에 이들 젖은 주로 발효유, 치즈 등의 형태로 발전하였다. 정확한 시기는 알 수 없으나, 소 또는 물소와 같은 대가축의 젖은 처음 양젖이나 염소젖을 이용한 시기보다 수세대가 지난 이후로 추정된다[1].

고대 이집트에서 숭배하는 신들 중에 하토르(Hathor)가 있는데 사랑, 아름다움, 행복, 다산 등을 상징하는 여신으로 우유를 생산하는 소의 모습으로 숭배를 받았다. 하토르는 훗날 미의 여신인 아프로디테(그리스 신화)와 비너스(로마 신화)로 변화하였다. 기원전 2350년에 만들어진 것으로 보이는 파라오의 무덤에 새겨진 벽화에는 젖을 짜는 사람의 모습이 그려져 있는 것으로 보아 이미 이 시대에 우

(가) (나)

그림 3. 이집트 소재 하토르 신전에 새겨진 벽화(가)와 기원전 2350년 파라오 무덤에서 출토된 벽화(나)

유 및 유제품이 상당히 번성해 있음을 알 수 있다.

우유를 이용한 역사는 문명화된 이후의 인류의 역사와 맥을 같이한다고 할 수 있는데, 힌두교의 창세신화에는 우유가 생명의 탄생의 개념으로 여겨진 '우유 바다 휘젓기'가 나오며, 성경의 창세기에도 우유에 대한 구절이 있다. 유대교의 성서에는 우유에 대한 내용이 있는데 가장 먼저 나오는 부분은 창세기 부분에서 이다. '아브라함이 세 명의 천사(원전에는 traveler)를 환대했을 때 그들 앞에 응고된 우유(curdled milk)와 우유(sweet milk) 그리고 손질된 송아지고기(dressed calf)를 내놓았다(창세기 18장 8절)'고 적혀있다.

힌두교 신화에는 천 년 동안 데바(신)와 아수라(악마)가 우유의 바다를 휘저으면 많은 생명과 영생의 약인 암리타가 탄생한다는 구절이 있는데 우유가 생명의 탄생을 의미하며 불노장생의 명약으로 까지 인식하고 있음을 확인할 수 있다.

인류는 오래전부터 우유의 저장성과 기호성을 향상시키기 위하여 여러 방법을 사용해 왔는데, 그 중에서도 대표적인 것이 유산균을 이용한 발효유제품으로 요구르트, 케피어(Kefir), 치즈 등을 들 수 있다. 현재까지 문헌이나 고대 유물에서 발견된 것들을 종합해 보면 기원전 6,000년경으로 추정되는 스위스 누샤텔 지역

(가) (나)

그림 4. 캄보디아 소재 앙코르와트 사원 부조물(가)과 태국 소재 수완나품 국제공항에 전시되어 조각상(나) [2].

에서 발견된 질그릇 조각이 우유와 관련된 가장 오래된 기록으로 알려져 있다. 이 질그릇은 당시의 사람들이 치즈를 만들면서 유청과 커드를 분리할 때 사용했던 그릇으로 밝혀졌다(그림 5).

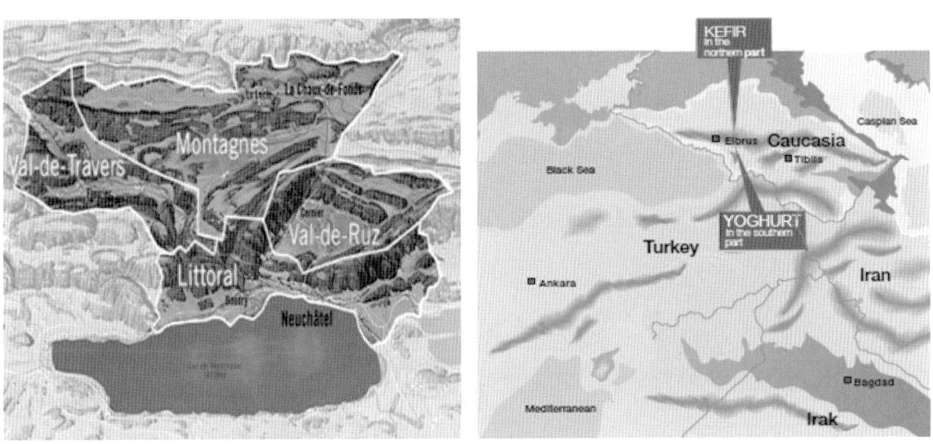

(가) (나)

그림 5. 유청분리용 그릇 조각이 출토된 뉴샤텔 지역(가)과 발효유제품인 요구르트와 케피어가 처음 시작된 지역(나) [4].

요구르트와 케피어는 코카서스 산맥의 엘브루스(Elbrus) 산에서 시작되었는데, 남쪽 지역은 요구르트, 북쪽지역은 케피어의 탄생지로 알려져 있다(그림 5). 자연적으로 여러 종류의 미생물이 적당한 온도의 우유에 옮겨졌고, 인간은 이것을 발견했던 것으로 엘브루스 산의 남쪽 경사면에서는 40~45℃의 고온을 선호하는 미생물이 터키 유목민의 우유통에 우연히 전달되어 우유발효가 되었고, 터키인들은 이를 'Yogurut'라고 불렀다. 케피어는 25~28℃에서 잘 자라는 미생물에 의해 Elbrus 산 북쪽 경사면에서 만들어졌는데 Kefir라는 이름은 터키 언어에서 파생된 것이다. 이름의 첫 번째 음절인 kef는 터키어로 즐겁다는 것을 의미하는데, 케피어는 요구르트와 다른 유형의 유산균을 함유하고 있다[3].

이러한 사실로 미루어 보아 우유를 최초로 이용한 지역은 지금의 중동지방이며, 이 지역을 기점으로 인접하고 있는 유럽지역으로 널리 전파되었으리라고 추정된다. 또한 기원전 400년 경 의학의 아버지라 불리는 히포크라테스도 우유를 가장 완전한 식품이라고 정의한 바 있으며, 13세기경에는 몽고의 징기스칸이 아시아를 정복하고 유럽까지 영토를 확대하면서 병사들에게 '건조유(乾燥乳)'를 휴대케 하였다고 한다.

서양인들에게 있어서 우유는 종교적, 사회적으로 신(神)의 영감(靈感)으로 인간을 위해 특별하게 만들어진 '거의 완벽에 가까운 자연식품' 이라는 인식이 거의 모든 국민들의 마음속에 자리를 잡고 있으며, 특히 자라나는 어린이들에게 필수적으로 우유를 먹여야 한다는 신념이 확고하게 서 있다. 19세기 중반에 들어오면서 영양학의 발달과 함께 우유는 인간에게 필요한 거의 모든 영양소들을 골고루 함유하고 있다는 사실이 과학적으로 증명되면서 우유의 생산과 소비가 크게 늘어나게 되었다.

나. 우리나라의 우유 음용 역사와 근대적 우유 생산

우리나라에서 우유와 관련된 역사적 고증은 삼국유사, 고려사, 이조실록 등에서 찾아 볼 수 있다. 백제 의자왕 때 복상이라는 사람이 일본에 건너가 유락(乳酪)을 만들었다는 기록이 있으며, '고려사'에 의하면 우왕 때 국가상설기관인 '유우소(乳牛所)' 라는 목장을 설치하여 왕실과 귀족 등 높은 지위를 가진 사람들이 우유를 마셨다고 한다. 이러한 유우소는 조선시대에도 그대로 이어져 왕의 진상품으로 사용되어졌다고 한다.

그 당시에는 왕도 우유를 아무 때나 마실 수 없었으며, 특별한 날이나 몸이 아플 때 먹는 보양식이었다. 조정 대신들도 동짓날 같은 특별한 날에만 임금이 하사한 우유를 맛볼 수 있었다. 보통 해마다 10월 그믐부터 정월까지 내의원에서 우유를 넣은 음식을 만들어 신하들에게 나눠 주었다고 한다.

태종 32년(1416년)에 유우소에 낙을 바치라고 명하였다는 기록이 있는데 여기서 낙은 우유를 건조시켜 만든 것을 말한다. 영조 46년(1770년)에는 내의원에서 올리는 타락죽(駝酪粥 : 찹쌀에 우유를 넣고 끓인 죽)을 중지시키고 어미소와 송아지를 풀어주라고 명하였는데, 이는 봄철 농번기 때는 농사일을 돕도록 하기 위해서였다(그림 6).

우리나라 의학 문헌에서 '우유는 구토와 구역질을 다스리고 대장을 좋게 하여 황달을 없앤다' (본초강목), '우유는 허약한 몸을 보하고 갈증을 덜어준다' (명의별록), '우유죽을 항시 복용하면 노인에게 가장 좋다' (동의보감) 라고 전하고 있다.

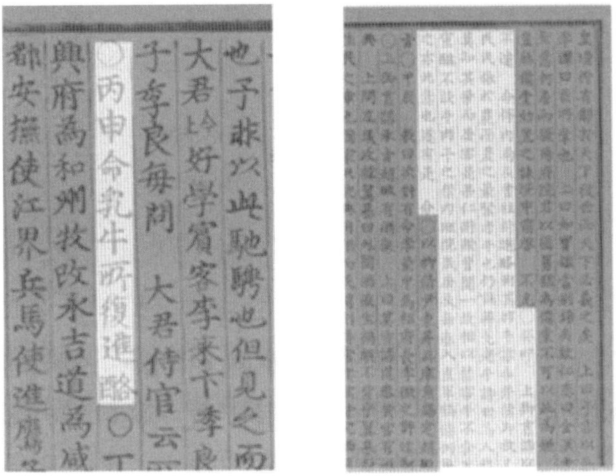

(태종 23년) (영조 46년)

그림 6. 조선왕조실록 (전남대학교 도서관)

이와같이 우리나라에서도 오래전부터 우유를 왕족이나 고위관리들의 보신과 보양 목적으로 이용하였음을 알 수 있다. 우유가 일반인들에게까지 알려지기 시작한 것은 1902년 구한말 농상공부 기사로 근무하던 프랑스인 쇼트가 홀스타인 젖소를 국내에 들여오면서부터였고 그 후 선교사들이 자가 소비용으로 젖소를 1~2두씩 들어오면서 우유가 왕실의 테두리를 벗어나 일반 대중들도 이용하게 된 계기가 되었다. 일제 강점기의 낙농은 일본인 소비자들을 위한 일본인의 낙농이었으며, 일본인 거주자가 늘어나면서 젖소의 두수도 1910년에 452두에 달했으며, 그 후 총독부의 정책적인 지원으로 젖소두수가 계속 증가하여 광복 직전인 1944년에는 2,661두까지 늘어났다.

그 후 우리나라에서 낙농업의 근대화가 이루어진 것은 1961년 제1차 경제개발 5개년 계획에 의한 축산진흥 계획이 수립되면서부터였다. 이러한 계획에 따라 매년 1,000여 두의 젖소를 외국으로부터 도입하여 농가에 입식시킴으로써 젖소의 급속한 사육두수 증가와 더불어 국민소득 증가에 따른 식생활 개선 등으로 우유 소비도 크게 늘어나 한국의 낙농산업 발전의 큰 원동력이 되었다.

우유의 대량생산은 1937년 경성우유동업조합(서울우유의 전신)이 설립되면서 이뤄졌다. 조합은 서울 정동에 우유공장을 짓고 우유를 독점 생산했다. 서대문과 동대문, 남대문을 지나 우마차와 자전거 등에 실린 원유가 매일 정동으로 수송됐다.

광복과 6·25를 거친 후 60년대 정부의 낙농장려정책에 따라 젖소가 다량 수입되고 고온살균법 등 우유처리기술이 수입되면서 우유산업은 새로운 전기를 맞았다. 서울우유 외에 남양유업, 매일유업, 빙그레 등 현존하는 유가공업체들이 모두 이 무렵 설립됐고 분유, 연유, 버터, 치즈, 아이스크림 등 유가공품의 대량생산도 시작됐다. 초창기 경성우유동업조합의 1일 우유처리량은 2톤 정도에 지나지 않았으나, 그 당시 자가소비 수준에 있던 우유를 상업적으로 제품화하여 경성(현재 서울)지역 소비자들에 배달하게 된 첫 시발이라고 할 수 있다.

다. 우유 생산을 위한 열처리[5]

통상적으로 우유는 소의 젖을 의미하는 우유와 가공처리 되어서 음용할 수 있는 우유를 의미한다. 그러나 두 가지의 의미가 있으나, 젖소에서 생산한 젖으로 위생적 처리과정을 거치지 않은 것을 원유(原乳)로 표현을 하며 젖소에서 생산한 젖을 상업적으로 판매할 목적으로 살균과 포장과정을 거쳐 생산된 것을 시유(市乳, market milk)로 구분한다. 우리나라에서는 원유는 식품으로써 그대로 판매가 불가능하기 때문에 통상적으로 우유라고 하면 시유를 의미한다.

우리나라 식품공전에는 '유가공품은 63~65℃에서 30분간, 72~75℃에서 15초간 이상 또는 이와 동등 이상의 효력을 가지는 방법으로 살균하여야 하며, 다만, 2℃ 이상에서 60일 이상 숙성하는 치즈용 원유 및 유가공품은 위에서 정한 온도 등 살균 조건을 적용하지 아니할 수 있다'고 명시되어 있다. 단서 조항이 있지만 60일 이상 숙성을 한 경우에만 비살균 원유를 사용하여 치즈 제조가 가능하지만 최종 제품이 미생물 규격에 적합해야 판매가 가능하다. 따라서, 국내에서 유통되는 대부분의 유가공품에는 원유의(raw milk) 살균 공정이 필수적이므로 열처리 공정은 유가공 산업에서 가장 중요하고 보편적으로 사용되는 가공 기술이라고 할 수 있다.

원유 열처리의 주요 목적은 우유 및 유제품이 안전하고 적절한 상미기한을 갖도록 병원성 세균과 부패성 미생물을 제어함에 있다. 열처리 기술은 Pasteur가 와인과 맥주에 사용되어 변패를 억제할 수 있음을 보여준 이후 많은 식품으로 응용범위를 넓혀 나갔다. 1890년대 유럽과 미국에서 우유의 살균법이 도입된 이후 우유의 열처리 가공기술은 지속적으로 발전하여 유제품 시장이 급속하게 성장할 수 있는 견인차 역할을 수행했다고 해도 과언이 아닐 것이다. 열처리 기술 이외에도 고압 가공, 펄스 전기장 기술 등 비열 살균기술이 개발되었지만, 유가공 산업을 포함한 식품산업에서는 열처리를 이용한 살균 방법이 널리 사용되고 있다.

Pasteurization은 살균을 의미하는 단어로 저온살균만을 의미하지는 않으며, 국내 유가공품 표시기준에도 저온, 고온, 초고온 살균제품으로 구분하지도 않는다.

시유 제조 시 원유의 열처리는 필수적인 공정으로 다양한 열처리 온도와 유지시간(가열시간)의 조합이 있으며, 이는 유제품의 종류에 따라 권장된 조건으로 수행한다. 특히, 수분활성도가 낮거나 다른 식품첨가물이 유제품에 첨가되는 경우에도 열처리 온도와 시간은 유가공 공장 특성에 맞도록 다른 열처리 조건으로 수행한다. 국내에서는 우유의 열처리 온도와 시간을 저온장시간(Low temperature long time; LTLT), 고온단시간(High temperature short time; HTST) 및 초고온(Ultra high temperature; UHT)로 구분하는 것이 일반적이지만, 우유 살균장치 및 포장 공정의 발달과 유제품의 안전성에 대한 소비자의 관심 증대로 실제 유가공 공장에서는 보다 효과적인 열처리 조건으로 수행하고 있다(표 9).

국내에서 판매되는 시유의 대부분은 유통기한 연장을 위한 살균 공정을 사용하고 일부 제품만이 살균 공정으로 생산되기 때문에, 열처리 온도의 상대적 개념

표 9. 우유에 적용하고 있는 열처리 조건

	식품공전	국제낙농연맹
열처리 온도 및 시간	• 저온장시간살균법 (Low temperature long time) 63~65℃에서 30분 • 고온단시간 살균법 (High temperature short time) 72~75℃에서 15 내지 20초 • 초고온순간처리법 (Ultra high temperature) 130~150℃에서 0.5 내지 5초	• 저온단시간살균 (Thermization) 57~68℃에서 5초~30분 • 살균(Pasteurization) 72~80℃에서 15~30초간 • 유통기한연장을 위한 살균 (Pasteurized with ESL processing) 125~140℃에서 1~10초 • 초고온 살균공정 (Ultra High Temperature processing) 135~150℃에서 1~10초 • 용기내 멸균 (In-container sterilization) 110~120℃에서 10~20분 또는 125℃에서 5분

인 저온, 고온, 초고온으로의 구분으로 시유를 평가하는 것은 의미가 없으며 어떠한 방법으로 원유를 살균하여도 우유의 가치가 크게 달라지지 않는다는 점을 강조하고 싶다.

라. 우유의 영양성분

지구상에는 약 4,000종의 포유동물이 있으며, 동물마다 제각각의 특성에 맞게 젖을 생산하며, 그 성분조성도 동물의 종류에 따라 크게 차이가 난다(표 10). 동물들은 제각기 성장 속도가 다르며, 발달하는 부위도 다르다. 인간의 아기는 출생 후 몸무게의 2배가 되는 기간이 대개 100일 정도인데 비해 다른 동물들은 훨씬 더 빠른 편이다. 또한, 태어난 후 일정 기간 동안은 대부분의 시간을 잠을 자면서 보내는 인간의 아기에 반해 동물들의 새끼는 적의 공격을 피하기 위해 태어나자마자 곧바로 서거나 걸어야 한다. 그 때문에 그러한 동물의 새끼들은 빨리 성장해야 하므로 젖의 농도는 사람의 것보다 높으며, 특히 근육과 골조직을 만드는데 필요한 단백질과 미네랄 함량이 상대적으로 높다.

표 10. 각종 동물의 젖의 평균 성분조성(%)

동물	수분	지방	단백질	유당	미네랄	전고형분	무지고형분
젖소	87.29	3.66	3.42	4.92	0.71	12.71	9.05
사람	87.79	3.80	1.20	7.00	0.21	12.21	8.41
양	80.60	8.28	5.44	4.78	0.90	19.40	11.12
산양	87.81	3.80	3.50	4.10	0,79	12.19	8.39
돼지	80.63	7.60	6.15	4.70	0.92	19.37	11.77
말	89.86	1.59	2.00	6.14	0.41	10.14	8.55
코끼리	85.63	3.12	3.20	7.42	0.63	14.37	11.25
고양이	83.05	4.50	7.00	4.85	0.60	16.95	12.45
개	74.55	10.20	3.15	11.30	0.80	25.45	15.25
토끼	68.50	13.60	12.95	2.40	2.55	31.50	17.90

포유동물의 어린 새끼에게 완벽한 영양을 공급해 주고 외부에서 오는 여러 가지 질병으로부터 어린 새끼를 지켜주고 건강한 생명체로 키워주는 것이 바로 어미의 젖이다. 오늘날 전 세계에서 우유를 '완전 영양 식품'이라고 부르기도 하는데 우유는 매우 영양 밸런스가 뛰어난 식품이다. 우유의 주된 영양성분은 탄수화물, 지방, 단백질, 미네랄 그리고 각종 비타민을 함유하고 있다(표 11).

표 11. 우유 (200㎖ 당)의 영양성분

열량	수분	단백질	지방질	탄수화물	회분
138 kcal	180.4 g	6.8 g	7.8 g	9.9 g	1.4 g

무기질							
나트륨	칼륨	칼슘	마그네슘	인	철분	아연	구리
85 mg	310 mg	227 mg	21 mg	192 mg	0.04 mg	0.8 mg	0.02 mg

비타민						
레티놀	카로틴	레티놀 당량	비타민D	비타민E	비타민K	비타민B_1
78 μg	12 μg	80 μg	0.6 μg	0.2 mg	4 μg	0.08 mg
비타민B_2	나이아신	비타민B_6	비타민B_{12}	엽산	판토틴산	비타민C
0.31 mg	0.2 mg	0.06 mg	0.6 μg	10 μg	1.14 mg	2 mg

지방산			콜레스테롤
포화	일가불포화	다가불포화	
4.81 g	1.80 g	0.25 g	25 mg

우유 한잔(200㎖)에는 6.8g의 단백질이 포함되어 있어, 일일 단백질 섭취 권장량의 10% 정도를 섭취할 수 있다. 우유에 포함된 단백질은 80%가 카제인(casein), 20%가 유청 단백질, 비(非) 단백태 질소화합물로 조성되어 있다(표 12).

표 12. 우유에 함유되어 있는 단백질

	우유에 함유되어 있는 양 (g/kg)	단백질 중의 비율 (%, w/w)
Casein (카제인)		
α_{s1}-casein*	10.0	30.6
α_{s2}-casein*	2.6	8.0
β-casein	10.1	30.8
κ-casein	3.3	10.1
Total Casein	26.0	79.5
Whey Proteins (유청단백질)		
α-lactalbumin	1.2	3.7
β-lactoglobulin	3.2	9.8
Blood Serum Albumin	0.4	1.2
Immunoglobulins	0.7	2.1
Miscellaneous (including Proteose-Peptone)	0.8	2.4
Total Whey Proteins	6.3	19.3
Fat Globule Membrane Proteins	0.4	1.2
Total Protein	32.7	100

* 두 가지를 합쳐서 αs-casein 이라고 부름

유청 단백질은 α-락토알부민, β-락토글로불린, 면역 글로불린 등 가열로 응고되는 성분으로 구성되어 있다. 가열에 의해 단백질은 변성되지만, 단백질의 아미노산 조성이 바뀌는 것은 아니며, 영양가에도 변화가 없다. 오히려 소화·흡수성이 좋아지는 등 장점이 더 많다.

단백질의 영양가는 그것을 구성하는 필수 아미노산의 함량과 그 비율에 따라 정해진다. 우유의 단백질에 포함되는 필수 아미노산은 인체에 필수 불가결한 아미노산 패턴을 충분히 충족하고 있다. 나아가 우유의 단백질에는 영양성분뿐만 아니라, 감염 방어 기능, 면역 조정 기능, 정장 작용 등 세 가지 생체 조절 기능이 있는 것이 최근 실험에 의해 밝혀졌다.

컵 한잔 (200㎖)의 우유에는 7.8g의 지방이 포함되어 있으며, 지방 유래 열량은 70kcal로 이는 우유 전체 열량의 약 절반에 해당하는 양이다. 우유의 지방질은 미세한 지방구로서 존재하고 있으며, 표면적이 크고, 소화 효소에 의해 쉽게 분해되어, 소화·흡수가 잘되는 것이 특징이다. 유지방의 성분은 트리글리세라이드 (중성 지방)가 97~98%를 차지하고 있다(표 13). 동물성 지방질은 비만이나 고지혈증의 위험요인이 되지만, 우유와 혈중 총 콜레스테롤 수치의 관계를 조사한 각종 보고서에서 하루 600㎖ 음용 시에도 혈중 총 콜레스테롤 수치를 상승시키지 않는 것으로 확인되었다.

성인병을 일으키는 포화지방을 함유한 것도 사실이지만, 우유에는 불포화 지방산도 많이 함유하고 있다. 유지방 중에 존재하는 공액 리놀산, 스핑고미에린, 부티르산 등은 여러 연구에서 암 억제 기능이 있음을 인정받고 있다.

표 13. 우유에 함유되어 있는 지방산

지방산 종류	총 지방산 함량 (%)
포화지방산	
Butyric acid (부티르산)	3.0 - 4.5
Caproic acid (카프로산)	1.3 - 2.2
Caprylic acid (카프릴산)	0.8 - 2.5
Capric acid (카프르산)	1.8 - 3.8
Lauric acid (로르산)	2.0 - 5.0
Myristic acid (미리스트산)	7.0 - 11.0
Palmitic acid (팔미트산)	25,0 - 29,0
Stearic acid (스테아르산)	7,0 - 3,0
불포화 지방산	
Oleic (올레산)	30,0 - 40,0
Linoleic acid (리놀레산)	2,0 - 3,0
Linolenic acid (리놀렌산)	< 1,0
Arachidonic acid (아라키돈산)	< 1,0

우유의 탄수화물 중 99.9%는 유당(lactose, 락토오스)이다. 유당은 포유 동물의 젖에만 존재하는 탄수화물이며, 체내에서 유당 분해효소인 락타아제에 의해 글루코오스와 갈락토오스로 분해되어 흡수된다. 유당엔 정장 작용이 있는 것으로 밝혀져 있다. 유당은 난소화성이기 때문에, 일부는 소화가 안 된 채로 대장에 도달해, 장내 유익균의 영양원이 되어, 장내 유익균 우위의 환경을 조성하게 되는데, 이 때 유익균이 젖산과 초산을 생성한다. 이렇게 생성된 유기산(酸)에는 장내 유해균의 증식을 억제하는 기능이 있으며, 그 결과, 변비 해소에도 기여하고 있다. 또한 유당에서는 칼슘이나 철 등 미네랄의 흡수를 촉진하는 기능도 있는 것으로 밝혀져 있다.

칼슘은 사람 체중의 1.5~2% 정도로, 그 99%는 뼈와 치아에, 나머지 1%는 혈액·근육·신경 등의 조직에 존재한다. 칼슘섭취 부족이 계속되면 골밀도가 떨어져, 장래, 골다공증을 초래할 위험이 있다. 칼슘은 골다공증의 예방뿐만 아니라, 고혈압의 예방, 월경 전 증후군의 증상 경감, 체지방률 저하 등의 기능도 있는 것 외에 스트레스를 완화시키는 작용도 하는 것으로 알려져 있다. 부족한 칼슘의 보급원으로서 우유는 가장 간편한 식품이다.

우유에 포함되어 있는 인 (Phosphorus; P)이 우유의 칼슘 흡수율을 저해한다고 하는 주장이 있지만, 우유에 포함되어 있는 칼슘과 인의 비율을 보면 흡수를 저해하는 일은 없다. 오히려, 우유 단백질이 소화 과정에서 생기는 카제인 포스포 펩타이드 (Casein phosphopeptide; CPP)가 칼슘 흡수를 촉진시키는 것으로 알려져 있다.

우유는 칼슘을 보유하고 있는 유일한 영양원이 아니다. 우유를 대체할 식품은 많다. 예를 들어, 녹색 채소에는 우유의 2배 이상의 칼슘이 들어 있다. 그러나 채소에는 많은 양의 칼슘이 들었음에도 불구하고 체내 흡수율이 떨어진다. 그 이유는 채소에는 칼슘의 흡수를 방해하는 여러인자들이 다량으로 존재하기 때문이다. 식이섬유, 피틴산(phytic acid), 옥살산(oxalic acid) 등이 바로 그것들인데, 칼슘과 결합하여 소장에서의 흡수를 막기 때문이다[6].

식품에 따라 칼슘의 체내 흡수율은 다르게 나타나는데, 표 14에서 보는 바와 같이 강낭콩의 경우 429g을 섭취하여야 우유 240㎖를 먹은 것과 동일한 칼슘을

표 14. 식품별 칼슘 흡수율 비교[6]

	용량	칼슘함량	예상 칼슘 흡수량	우유 동량대비 섭취수준
	g	mg	mg	
우유	240	300	96.3	1회
	110	113	24.7	3.9회
강낭콩	172	40.5	9.9	9.7회
브로콜리	71	35	21.5	4.5회
배추잎	85	239	94.7	1.0회
케일	85	61	30.1	3.2회
시금치	85	115	5.9	16.3회
고구마	164	44	9.8	9.8회
경두부	126	258	80	1.2회
체다치즈	42	303	97.2	1회
요구르트	240	300	96.3	1회

얻을 수 있으며, 칼슘이 풍부한 시금치의 경우도 1.4kg을 먹어야 우유 240㎖를 먹은 것과 같은 칼슘 흡수율을 나타낸다[6].

마. 우유 반대론자

모든 식품은 장점과 단점을 가지고 있다. 단지 차이는 장점이 얼마만큼 많고 단점이 얼마만큼 적은가에 있다. 과거부터 고기에 대한 반대론자들이 있었으며, 생식 옹호자도 있었다. 우리가 즐겨 먹는 두부와 콩에도 반대론자가 있다. 이들은 한결같이 어두운 점만 부각 시키려고 한다. 두부의 경우 에스트로젠과 유사한 물질이 들어 있어 일종의 환경 호르몬이라고 주장한다. 그렇기 때문에 모든 국민이 두부를 먹지 말아야 하는가?

인터넷의 발달로 정보의 홍수 속에서 살고 있는 현실에서, 우유에 대하여 조금만 검색해 보면 다음과 같은 내용을 쉽게 볼 수 있다. 우유에 항생제 규제는 매우 엄격한데도 불구하고 우유에 항생제가 있다고 선전하고 BST를 사용하여 착유된 우유는 국내에서 판매되고 있지 않음에도 불구하고 성장촉진제를 맞는다고 하는 식의 거짓 선동을 하는 사람도 있으나 이는 잘못된 정보이다[6].

우유가 산성식품이라고 거짓 정보를 맹신하는 사람들도 있는데, 우유의 수소이온농도는 인간의 체액과 같은 pH 6.8이다. 산성식품은 우리 몸에서 연소한 결과 산성으로 되는 식품으로 식품 중에 함유된 무기물중 인(P), 황(S), 염소(Cl) 등은 체내에서 산을 생성한다. 그러나 우유 중에는 칼슘(Ca)이 많이 포함되어 있어서 알칼리성 식품군에 속한다. 과일 쥬스의 경우에도 신맛이 있지만 알칼리성 식품에 속한다.

최근에 일고 있는 우유에 대한 논란은 아무 대안이 없는 반대를 위한 반대일 뿐이다. 우유가 급식에 우선적으로 선정된 것은 낙농가 단체들의 로비의 결과라고 믿고 있는 사람들이 있다. 뉴질랜드와 같이 낙농수출국가라면 모르겠으나, 우유 관련 산업이 국가 산업 규모의 0.01%도 안되는 시점에서 그러한 로비를 해야 할 필요가 있을까? 낙농산업이 우리 전체 경제에 그렇게 중요하게 작용했었던 것일까?

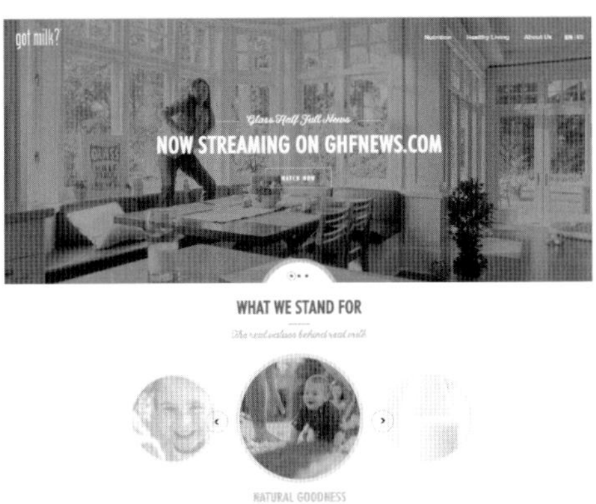

(가)

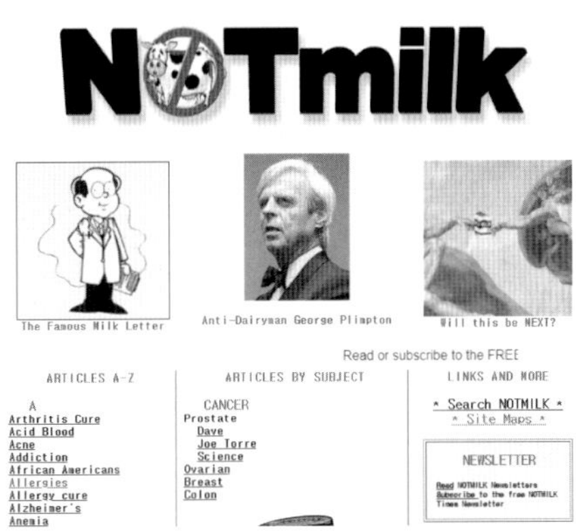

(나)

그림 7. 우유 홍보를 하는 홈페이지(가; www.gotmilk.com)와 우유 반대론자들의 홈페이지 (나; www.notmilk.com)

우유 반대론자들도 우유가 칼슘의 급원으로 좋은 식품인 것은 부인하지 않는다. 그들은 우유 섭취를 통해 평균시장이 커졌음을 인정하지만 우유섭취가 뼈 골절과 관계없다고만 이야기한다. 뼈가 골절되는 것은 식생활습관도 중요하지만 여러 환경적 요인이 작용한다. 최근의 보고들은 고령화로 인한 노인골절 증가로 전체 골절률이 증가한 것이지 우유 섭취 때문이라고 단정하지 않고 있다[6].

얼마 전 국문으로 번역된 우유 반대론자의 책은 마치 과학적으로 무장된 것처럼 보인다. 우유 반대론자들은 우유 중의 인슐린 유사성장인자(Insulin-like growth factor)에 대해서도 언급하였는데, 우유 속에는 세포를 성장시키는데 필요한 성분을 많이 가지고 있다. 이러한 성분은 암세포도 세포이기 때문에 암세포를 성장시킬 수 있다. 이는 항암제가 암세포를 죽이는 작용을 하지만 정상세포에도 작용하는 것과 같다. 그렇다고 해서 항암제를 독약으로 매도하지는 않는다.

안티밀크와 관련된 기사가 인터넷과 SNS를 돌아다니고 있지만, 크게 걱정을 할 필요는 없다. 우유와 유제품에 대한 신뢰는 오랜 기간 지속되어온 유제품 이용 역사를 기반으로 형성되어 왔고, 근대과학이 발전하면서 밝혀진 많은 과학적 효능으로 구축되어 왔기 때문에 인터넷 기사 몇 개로 낙농산업이 흔들릴 것은 아니기 때문이다. 새삼스럽게 우유와 유제품은 청동기 시대 이전부터 인류가 음용해왔으며, 다른 먹거리에 비하여 많은 영양소를 함유한 완전식품이라고 아무리 이야기한들 우유반대론자들에게 무슨 소용이 있을까? 우유와 유제품을 먹지 말자는 선동이 우유를 하나의 식문화로 인식하고 있던 많은 사람들을 격분시켰지만, 과거에도 그랬던 것처럼 앞으로도 많은 유제품들이 우리 가까이에서 항상 존재하고 있을 것이다[7].

과학은 단정적이지 않다. 100% 완벽한 것이 없기 때문이다. 우유에 대한 과학적 지식도 100% 완벽하지 않다. 그러나 우리의 과학적 수준은 이러한 논란에 휘말리지 않는 단계에 와있다. 농경사회 이후부터 오늘날에 이르기까지 인간생활에 있어서 우유와 유제품은 우리의 식생활에 매우 중요한 영역으로 자리를 잡았다는 것은 부인할 수 없는 사실이기 때문이다.

4. 계란 및 계란 가공품

4.1. 계란

가. 계란의 구조와 영양적 가치

1) 계란의 구성

계란은 노른자위(egg yolk), 흰자위(egg white), 알깍지(shell), 난각막(shell membrane)의 네 부분으로 구성되어 있고 중심부에 노른자위, 그 둘레에 흰자위가 있으며, 각각 노른자막과 흰자위막에 쌓여 있으며 노른자위는 알끈으로 고정되어 있다.

2) 계란의 영양성분

약 74%의 수분을 함유하고 있지만 양질의 단백질급원이므로 다른 식품단백질의 질을 측정하는 기준으로 사용하고 있다. 또한 경제적으로도 영양가치가 높은 식품이다(표 15).

표 15. 전란, 난황, 난백의 화학적 성분

계란	무게(g)	단백질(%)	지질(%)	탄수화물(%)	회분(%)	콜레스테롤 (mg/100g)
전락	50	12.8-13.4	10.5-11.8	0.3-1.0	0.9	230
난백	33	9.7-10.6	0.03	0.4-0.9	0.6	0
난황	17	15.7-16.6	31.8-35.5	0.2-1.0	1.1	230

- 단백질과 아미노산: 단백질의 영양가를 표시하는 지수인 단백가가 다른 식품에 비하여 높다.
- 지질: 동물조직과 동물성지방에 함유되어 있는 인지질이 난황에 많이 포함되어 있다.
- 비타민: A, B group, E, K의 좋은 급원

- 반면 탄수화물은 비교적 적게 함유함
- 회분은 약 1% 내외 함유함
- 콜레스테롤은 시료 100g 당 230mg 함유되어 있으며 주로 난황에 함유함

3) 계란의 구성성분

- 흰자위 (난백, Egg albumin): 흰자위는 고형분이 약 11~13%이며 표 15에서 보는 바와 같이 주로 단백질로 구성되어 있으며 농후난백과 수양난백으로 구성되어 있다.
- 난백단백질로는 ovalbumin, cornalbumin, ovomucoid, lysozxyme 및 ovomucin이 있으며, 탄수화물로는 대부분 단백질과 결합된 당단백질로 구성되어 있고, 주로 glucose로 구성되어 있다.
- 난백에는 다양한 무기물로 함께 비타민 B 군이 많이 함유하고 amylase나 lipase와 같은 효소와 riboflavin과 같은 색소가 포함되어 있다.
- 난황 (Egg yolk)은 노른자위라고 하며 약 50% 수분 그리고 15~17% 단백질, 32% 지질 및 1~2% 회분으로 구성되어 있다.
- 난황은 보통알눈이라고 하는 배반과 난황의 중심부에 있는 라테브라(latebra)가 있고 라테브라 목은 난황이 축적이 수반되어 핵이 이동한 경로에 해당하는 것으로 라테브라를 중심으로 하여 백색난황과 황색난황이 동심원으로 층을 이루고 있다.
- 컬레이져 (알끈, chalaza): 알을 옆으로 뉘었을 때 알의 장축방향에 연한 둔단부와 예단부에는 외수양난백이 없고, 농후난백이 난각에 직접 결합하여 그 일부로 난황을 고정하고 있는데 산란 때에 회전하면서 수란관을 통과할 경우 난황만은 회전하지않으므로, 이것에 결합한 농후난백의 일부가 꼬여서 컬레이저라고 하며 2개의 컬레이저가 서로 반대방향으로 꼬여 있는 것은 바로 이것 때문이다 (황 등, 1982).

나. 알의 품질표준과 심사기준

1) 계란의 등급

품질과 중량규격으로 나뉘며 품질등급은 1⁺, 1, 2, 3의 4 등급으로 구분되며, 중량규격은 왕란(68 g 이상), 특란(60~68 g), 대란(52~60 g), 중란(44~52 g) 그리고 소란 (44 g 미만)으로 구분되어 있다.

2) 계란의 심사기준

- 외관적으로 색택이 균일하며 알껍질이 금이 간 것이 없어야 함
- 중량별로 규격화와 위생적으로 깨끗하게 세척되어야 함
- 계란의 등급으로 신선도를 측정하고 등급판정일자가 표기됨

3) 계란 선택 및 보관시 주의사항

- 계란껍질이 매끈하여 광택이 있으며 오물이 묻어 있지 않음
- 신선한 계란의 경우 오래된 것보다 난백의 높이가 비교적 높음
- 계란의 경우 냉동유통을 권장하며 보관시에도 반드시 냉장실에서 보관함

다. 알의 미생물

1) 미생물 오염

산란된 신선란에는 원칙적으로 무균이나 난백의 항균 효소작용에 기인한다. 난각면은 처리과정중 표면접촉에 의한 미생물이 오염되므로 주의하여야 한다.

2) 미생물의 변패

난각의 표면에 mucin으로 이루어진 박피가 있고, 난각의 내층에도 피막이 있어서 미생물의 침입을 차단한다. 하지만 습하거나 mucin이 파괴되면 미생물의 오염이 난백에까지 도달한다. 난백 또한 pH가 높고(pH 9.6), lysozyme, avidine, conalbumin등의 세균 저지 억제 물질이 있다. 만약에 난황까지 도달하면 급속히 변패하게 된다.

- 냉장란의 미생물: Pseudomonas, Proteus, Achromobacter, Salmonella
- 냉장난의 대장균과 곰팡이: 일반 대장균 (Alcaligennes, Flavobacterium, Bacillus, Micrococcus, Streptococcus)과 곰팡이

4.2. 계란 가공품

가. 알의 처리 및 저장

1) 저장의 원리

- 신선상태로 보존: 냉장 및 pH를 높은 상태로 유지
- 외부로부터 미생물의 침입을 방지

2) 저장방법

- 난각 그대로 저장: 냉장법, 가스저장법, 난각표면 처리, 침지법
- 난각을 제거: 동결법과 건조법

나. 알가공품

1) 계란음료

난백과 난황을 분리 및 혼합하고 (10:2) 향미 첨가

2) 마요네즈 제법

난황 + 식용유, 식초, 소금, 설탕 → 유화액

3) 피단

함단, 조단, 검단 등의 가공란

4) 훈제란

알을 가열 → 껍질제거 → 조미액 → 훈연 →풍미

5) 자비란(Boiled egg)

삶는 계란(반숙, 완숙)

6) 카스타드 제법

알, 우유, 설탕의 혼합물을 가하여 열 응고시킨 것임. 재료는 우유 1컵, 알 1개(48 g), 설탕 2스푼: 25 g

7) 케이크

엔젤케이크(난백), 스폰지(전란), 오믈렛(알 + 물, 과즙)

제4편

동물보호와 생활환경

제7장

동물 생활환경 보호

환경은 크게 '자연환경'과 '생활환경'으로 나눌 수 있다. 공기, 물, 흙, 산과 바다 등은 '자연환경'에 속하고, 서식지의 생태계, 먹이, 움직이는 통로 등 동물의 활동 범위에 속해있는 많은 요인들이 '동물의 생활환경'에 속한다고 할 수 있다. 동물은 이 두 가지 환경을 떠나서는 살 수 없다. 이 모든 것은 서로 매우 밀접한 관계를 맺고 상호 관련된 상황에서 동물의 생활이 영위되며, 생태계에서 그 종을 유지하게 된다. 결국 동물의 생활환경이란 '지구상의 생물과 직접 또는 간접적으로 관계를 맺고 있는 자연적·인위적인 모든 것'이라고 할 수 있을 것이다.

1. 지구환경문제

1.1 지구환경문제 발현의 원인

지구는 그 위에 서식하고 있는 생명체에 의해 크게 변형되고 있으며 생명체 발생 이후 35억 년의 생물체 활동에 의해 현재 지구의 대기, 해양, 토양 및 퇴적암은 생명체가 없는 다른 행성의 그것들과 매우 다르게 되었다. 이러한 생명체 중 특히 미생물들에 의해 물리적 환경이 크게 변화되어 왔으며, 생명현상이 전 지구 환경을 조절하는 것으로 알려져 있다. 인간은 지구상의 어느 생물종(biospecies)보다도 그들의 필요를 충족시키기 위해 물리적 환경을 변화시키려 하는 경향이 짙다. 인간은 종속영양 생물체로 복잡한 먹이사슬과 자연환경에 의존하며 산업과 문명이 발달할수록 주위 자연환경에서 더 많은 것을 요구하며 자연환경에 해를 끼쳐왔다. 이러한 현상은 경제 성장과 기술 현대화 정책에 의해 파생된 인구증가에 따른 자원의 고갈, 오존층 파괴, 생태계의 위협과 지구의 온난화현상 등의 심각한 환경오염문제를 일으켰다. 환경오염이란 우리가 생활하는 환경에 정상 성분이 아닌 오염물질이 혼입되어 환경의 질을 떨어뜨리는 현상을 말한다. 현대의 환경오염 물질은 한 지역에서 일어나는 현상이 아니며 지구의 어느 곳에나 존재하고 있으며 수질, 대기, 토양, 해양 등을 오염시키는 물질에 대한 이해가 필요하다.

1.2 지구환경오염의 종류

가. 대기오염

출처: https://unsplash.com/

1) 대기오염 원인

대기오염은 석탄, 석유 등의 화석연료 사용, 자동차 배기가스 등에서 나오는 다섯 가지 1차 오염물질인 일산화탄소, 탄화수소, 질소산화물, 황산화물 및 분진 등이 있으며, 일산화탄소나 이산화탄소는 석탄, 석유, 천연가스 혹은 나무 등과 같이 탄소를 함유한 물질이 연소될 때 형성되며, 아황산가스(SO2)는 화산폭발이나 불순물로서 황을 함유한 석탄 및 석유의 연소로부터 발생된다. 또한 1차 오염 물질 간에 일어난 화학반응에 의해 새로운 물질인 2차 오염물질이 생성될 수 있다. 예를 들면 1차 오염물질인 아황산가스가 공기 중의 산소와 반응하여 2차 오염물질인 삼산화황을 형성하게 되며 이 삼산화황은 다시 공기 중의 물방울과 반응하여 또 다른 2차 오염물질인 황산을 형성하게 된다.

2) 대기오염의 영향

대기오염에 의하여 자동차에서 배출되는 질소산화물과 공장이나 발전소, 가정에서 사용하는 석탄, 석유 등의 연료가 연소되면서 나오는 황산화물이 대기 중에 있는 수증기나 다른 혼합물과 만나 황산이나 질산으로 변하여 산성비를 만든다. 땅에 산성 물질이 쌓이면 그 땅에서 자라나는 식물도 잘 성장하지 못하며 삼림을 황폐화시키며 금속철재와 콘크리트 등 건축구조물 및 고고학적 유물까지도 부식시켜서 커다란 경제적·문화적 손실을 초래한다. 공장이나 자동차, 가정의 굴뚝에서 나오는 매연이 안개와 섞여 스모그(Smog)를 형성하기도 한다. 스모그에 의해 발생하는 가스는 폐나 기도에 손상을 주어 호흡기 질환을 일으키기도 하고 눈과 목의 점막에 자극을 주어 따가움을 느끼게 하며 식물의 성장도 방해한다. 냉장고의 냉각제인 프레온가스는 오존층을 파괴하며 이로 인하여 인체의 피부암 발생률이 증가하고, 백내장 등의 안질환을 유발시킬 수 있다. 더불어 식물의 성장이 둔화되고 곡물의 수확량이 감소되며 수중생물에도 악영향을 끼쳐 어획량도 줄어들게 된다.

나. 토양오염

1) 토양오염의 원인

토양은 고체 상태의 흙, 액체 상태의 지하수 및 기체 상태의 토양공기(soil air)가 어우러진 것으로 그 자체가 자정능력을 지니고 있다. 즉, 토양이 오염되었다고

출처: https://unsplash.com/

하는 것은 자정능력을 초과하는 방대한 오염물질이 토양에 유입된 것을 의미한다. 토양오염은 농약류, 산업폐수, 생활하수, 방사능 물질 및 기타 오염원에 의해서 이루어지며 원인물질로는 유기물, 무기염류, 중금속(특히 인체에 유해한 카드뮴, 납, 수은, 구리, 아연 및 비소) 등이다. 이 중에서 중금속은 토양에 장기간 잔류하여 농작물을 오염시켜 이를 섭취하는 인간과 가축의 체내에 잔류·축적되어 급성 또는 만성 중독을 일으키기 때문에 토양오염의 주된 원인물질은 중금속이라고 할 수 있다.

2) 토양오염의 영향

토양오염이 미치는 영향으로는 중금속 등의 농작물 내 축적에 의한 인체피해 그리고 난분해성 및 축적성 살충제에 의한 자연 야생동물의 피해 및 식물 생산성 저하를 일으키는 식물의 피해 등을 들 수 있다. 토양이 오염되면 토양이 산성화가 되고 토양의 염분량이 증가하며 토양입자의 조성을 변화시켜서 토양의 구조에 악영향을 미친다. 또한 나트륨이 칼슘과 마그네슘에 비해 많을 경우 배수가 불량해지고 경작이 어려운 토질로 바뀐다.

다. 수질오염

출처: https://unsplash.com/

1) 수질오염의 원인

생물체에게 해로운 영향을 줄 수 있도록 물의 물리·화학적 성질이 변화되는 것을 말한다. 도시와 산업의 발전에 따라 수자원의 이용량이 크게 증가하고 있다. 수자원의 이용과 병행해서 증가하는 하수 및 폐수배출량이 하천·해양에 유입되면서 그 수역의 정화능력을 초과함으로써 저수지 및 하천 하류 수역에서 심한 수질오염이 일어나고 있다. 수질오염의 발생 원인으로는 생활하수, 산업폐수, 축산폐수 등과 같은 오염원이 쉽게 확인되고 특정한 배출경로를 갖는 점오염원(point source pollution)이 있으며, 이들은 자체 정화시설의 설치된 정화시설의 적정관리를 통해 오염원의 통제와 관리가 가능하다. 또한, 농경지에 뿌려지는 농약·비료, 각 가정에서 사용하는 합성세제, 도로가에 쌓인 분진 등과 같은 오염원이 확인이 어렵고 불특정한 배출경로를 갖는 비점오염원(nonpoint source pollution)이 있다.

2) 수질 오염 영향

유해화학물질과 중금속 및 병원성 미생물 등으로 오염된 물을 섭취함으로써 인체에 직접적인 영향을 미칠 수 있으며, 오염된 동식물을 섭취함으로써 인체에 간접적인 영향을 미칠 수 있다. 수은중독으로 발생하는 신경학적 증후군인 미나마타병(Minamata disease)과 납 중독으로 발생하는 척추, 관절 및 신장이 약해지는 이따이이따이병(Itai-Itai disease)이 좋은 예라 할 수 있다. 오염된 물은 음용수나 공업용수로 사용하기에 부적절하여 정화시설에 따른 비용의 증대를 가져오며 농업용수로 사용 시 작물에 직접적인 영향을 미칠 뿐 아니라 토양의 성질을 변화시켜 토지 생산성의 저하를 가져온다.

다. 해양오염

출처: https://unsplash.com/

바다는 지구 표면의 물 순환과 기후를 조절하여 생물의 서식에 적합한 환경을 유지시켜주며 육지에서 흘러 들어온 모든 물질들의 최종 집결지로 자정작용에 의해 오염물질을 처리하여 지구생태계 내로 재순환시키는 역할을 한다. 지금까지는 무진장한 자원의 보고인 해양을 각종 폐기물의 최종적인 처분 장소 정도로 이용해 왔다. 그 결과 지금 해양은 각종 산업폐수와 쓰레기뿐만 아니라 핵발전소에서 나온 방사성 폐기물, 배에서 나온 폐유 등으로 심각하게 오염되어 가고 있는 실정이다. 유기물질은 수중의 용존산소를 고갈시켜 생물을 질식사시키고, 다량의

인·질소는 부영양화를 시켜 플랑크톤이 증가하고 다른 생물종이 피해를 받게 된다. 기름의 유출은 수면 위에 얇은 막을 형성하여 바다 속의 생물이 태양광선이나 공기 중의 산소를 접하지 못하게 하여 수중의 산소를 다 소모하게 되어 생물을 죽게 한다. 또한 살충제, 제초제, 오수분뇨 및 폐기물의 해수로의 유입으로 인한 해양 환경이 오염원이 된다.

2. 동물생활환경과 생태계

2.1 생태계의 의미

생물이 살고 있는 모든 공간을 '생물권'이라고 한다. 현재 이 생물권에는 알려지지 않은 종(種, species)까지 포함하면 약 300만 종의 생물이 살고 있는 것으로 추정됩니다. 이처럼 많은 종의 생물들이 기후나 토양, 태양에너지 등의 주위 환경과 밀접한 관계를 맺고 있는 것을 '생태계(ecosystem)'라고 한다. 생물생태계는 첫째 어느 한 지역(강, 산, 바다 등)의 작은 생태계부터 지구 전체의 생태계까지 다양하게 나눌 수 있으며, 둘째 이 생태계에서 생물은 환경의 변화에 따라 생물의 종류가 달라지기도 하고 또 그 양(量, quantity)이 달라지며, 셋째 물, 공기, 에너지 등이 서로 관련된 물질과 순환하는 것처럼 생물군 내에서도 서로 먹고 먹히는 순환이 일어난다. 생태계는 무생물적인 환경의 기반 위에 서식하고 있는 생물적인 환경으로 구조가 만들어지고, 이러한 구조를 형성하는 요소들은 서로 간에 작용과 반작용을 통해 에너지회로, 먹이사슬, 물질의 순환과 같은 생태계 고유의 기능을 발휘할 뿐만 아니라 시·공간적으로 생태계의 다양성과 안정성을 지속할 수 있도록 발달과 진화를 하고 있다는 사실이다. 결국 자연이 잘 보존된 환경에서 볼 수 있는 생물의 다양성은 이러한 생태계의 연결고리가 훼손되거나 파괴됨이 없이 각 구성요소마다 제 역할을 다하기 때문에 가능한 것이다.

예를 들어 생물 중에서 식물은 동물의 호흡에 필요한 산소를 만들어 주고 동물들이 호흡할 때 내뿜는 이산화탄소를 흡수한다. 녹색식물은 태양으로부터 빛에너지를 이용하고, 공기로부터는 이산화탄소를 그리고 토양으로부터는 물을 흡수하여 동물들의 호흡에 필요한 산소와 영양물질을 만들어 낸다. 이 녹색식물을 초식동물이 먹고 초식동물은 육식동물에게 먹혀 영양물질이 자연스럽게 흘러가게 되며, 동물의 배설물이나 사체는 부패균이나 미생물(곰팡이)에 의해 분해되어 흙으로 돌아가는 일련의 물질의 순환이 이루어지게 된다.

또한 벼를 해치는 메뚜기는 개구리의 먹이가 되지만 개구리는 다시 뱀에게 잡아 먹히게 되고 뱀은 다시 독수리나 매에게 먹히게 되는 이른바 '먹이사슬'을 형성하고 있다. 이러한 먹이사슬은 녹색식물에서 출발하여 커다란 육식동물에 이르기까지 비교적 잘 구분이 되어 있으며 여러 종류의 생물이 다른 여러 종류의 생물에게 먹히면서 그 양에 있어서는 먹는 쪽이 먹히는 쪽보다 줄어들어 피라미드형 구조의 균형을 이루고 있다.

생태계는 주변환경에 의해 매우 큰 영향을 받게 된다. 예를 들어 열대림은 적도지방의 따뜻하고 습한 기후에서만 잘 자라며 툰드라 지역에서만 볼 수 있는 식물은 극지방의 추운 기후에서만 잘 자랍니다. 선인장도 사막에서 더 잘 자생한다. 이와 같이 주변환경에 따라 수많은 종의 생물은 특징적으로 분포하며 적정한 수를 유지하고 있는데 이런 모든 것을 생태계의 질서, 즉 자연의 질서라고 할 수 있다.

그러나 지구상에 인구가 증가하고 증가하는 인구의 물질적 수요를 충족시키기 위해 무차별 자연활용, 파괴는 산림자원 감소, 야생동식물의 남획, 채취에 의한 멸종을 초래하고 있다. 이러한 현상은 도미노 효과(domino effect)를 가져와 먹이사슬, 생태계 균형이 파괴되며 종국에는 인간의 삶의 터전마저 위협을 받게 된다는 것이다.

2.2 생태계의 파괴원인 및 실태

가. 자연생태계 훼손 실태

우리의 자연생태계는 '60년대부터 시작된 산업화와 인구의 도시집중, 대단위 택지개발, 공장부지 확충, 도로건설, 해안매립을 통한 간척사업, 골프장 건설 등 위락시설 건설 등의 개발행위와 대기·수질오염물질, 생활·산업폐기물로 인하여 그 균형과 질서가 크게 흔들리게 됨으로써 생태계 균형의 파괴를 가져왔다.

나. 환경오염에 의한 생태계 파괴

인체 및 생물체에 유해한 화학물질이 사용량이 급격히 증가하고 있는데 이러한 물질의 부적절한 처리로 인해 공기, 물, 토양의 오염이 가속화되고 있다. 유해화학물질 사용량의 증가는 특정 생물을 절종에 이르게 할 수 있으며 농약과 같은 유해화학물질은 토양미생물에 심각한 영향을 미쳐 생태계의 연결고리를 깨뜨림으로서 생태계의 교란을 일으킨다. 예를 들어보면 오하이오와 미시시피 강 계곡 일대에서 한때 발견되던 청색 아메리카솔새도 70% 이상 감소돼 지금은 몇 마리나 남아 있는지 불확실한 상태이다.

다. 도입종에 따른 생태계 파괴

양식이나 자원 증강이라는 이유로 식용 개구리, 베스(bass), 블루길(bluegill), 거북이 등이 외국으로부터 무분별하게 수입되어 국내 생태계를 파괴하고 있다.

라. 무차별 남획에 의한 생태계 파괴

야생동물이 민간요법에 쓰이는 질병치료제나 강장제로 알려지기 시작하면서 가리지 않고 불법 채취하여 유통시킴으로써 그 수요가 훨씬 빨리 줄어들었다. 예를 들면 장수풍뎅이 애벌레, 뱀, 개구리, 도롱뇽, 황새, 반달곰 등이 있다.

3. 동물생활환경과 서식지

서식지(habitat)란 생물의 개체 또는 개체군이 살고 있는 자연환경으로, 생물의 생활에서 서식지는 가장 근접적이며 직접적인 모든 생활 조건(먹이, 은신처, 생식 등)을 제공하는 장소이다. 따라서 서식지는 단지 위치적 장소로서만이 아니라 개체 또는 개체군에서 생활환경으로서 개체의 적응도나 개체군 증감에 영향을 미치게 되므로 생물권 내의 생물종 다양성의 유지에 매우 중요한 요인이 된다. 서식지의 구성요소에는 비생물적 요인과 생물적 요인이 있으며 식물의 경우 식생(vegetation)을 서식 장소로 취급하는 경우가 많지만, 동물을 이와 같이 취급하는 경우는 드물다. 동물의 서식지는 생물체가 사는 곳을 의미하는데 예를 들면 연못이 동물성 플랑크톤, 식물성 플랑크톤과 물고기의 서식지가 되는 것이다. 토양은 토양곤충, 일부 절제동물과 연체동물, 선충류, 지렁이, 원생동물과 미생물의 서식지가 된다.

3.1 동물서식지 파괴 현황

가. 산림생태계의 파괴

산림은 6·25전쟁에 의한 피해와 땔감 사용을 위한 남벌, 화전 등으로 산림이 황폐화되었으나, '62년부터 추진된 사방사업과 치산녹화사업으로 산림의 상당부분은 복구되어 입목축적량이 크게 증가하였다. 그러나 산지에 매년 20천ha 이상의 조림을 하면서 침엽수 위주로 조림을 하여 산림의 식생은 단순화되었고 이로 인해 생물서식지가 단순화되므로 써 산림지역에서 서식하는 생물종의 다양성이 떨어질 우려가 크다. 인위적인 식생의 단순화로 인해 부산 등 일부지역에서 발생되고 있는 소나무재선충과 같은 병충해가 전국적으로 확산되거나 산불이 발생할 경우 큰 피해가 우려된다. 최근에는 공장부지, 택지, 골프장 등 산지의 토지이용이 크게 늘어나고 있다. 하지만, 산지에 임도(forest road)를 설치 때 사전환경성검

토를 제대로 하지 않고, 또한 임도 등 도로 건설 후 사후관리가 되지 않고 있어 토사유출 등으로 주요 동·식물의 서식지와 자연경관이 크게 훼손되고 있다.

나. 농경지생태계의 파괴

농경지는 산업화 과정에서 공장 및 공공시설 용지 등으로 전용되어 그 면적이 감소되고 있으며, 농경지 주변의 하천은 공장폐수와 축산폐수 등으로 크게 오염되고 많은 농지가 농지정리 되면서 수로가 콘크리트 흄관으로 설치되어 어류 및 수서곤충류 등이 서식할 수 없게 되었다. 또한 농지는 과다한 농약 및 비료 사용으로 어류(fish), 패류(shellfish), 곤충류(insect) 등이 서식할 수 없는 환경으로 변하고 있다.

다. 하천생태계의 파괴

하천(river)은 크게 하천, 소하천 및 실개천으로 구분할 수 있으며 그 중 하천의 길이는 30,000km 이상이고 소하천 및 실개천은 하천 이외의 하천을 말한다. 도시와 공장지대를 통과하는 하천과 소하천은 생활오수와 산업폐수 등으로 크게 오염되고 농어촌지역의 하천은 축산폐수 등으로 오염되어 어·패류와 곤충류, 양서·파충류 등이 서식할 수 없는 하천으로 변화되고 있다. 특히 홍수로 붕괴된 하천의 제방 복구사업과 소하천 정비사업을 추진하는 과정에서 제방을 콘크리트 옹벽 또는 블록 등으로 시공하고 하천바닥을 평탄화시켜서 건조기에 물이 고일 수 있는 물웅덩이가 사라져 하천생태계를 이루는 어류, 패류, 수서곤충류, 양서·파충류, 저서성 대형무척추동물(benthic macroinvertebrate) 등이 서식할 수 없는 하천으로 변화되고 있다. 생활 및 공업용수 공급과 홍수조절을 위해 하천에 댐이나 보를 건설하면서 어류가 이동할 수 있는 어도를 설치하지 않거나 부적정하게 설치하는 경우가 많아 어류의 이동을 단절시킴으로써 담수어류(freshwater fish)의 다양성을 감소시키고 있다.

라. 해안생태계의 파괴

우리나라 해안선의 길이는 제1차 해안선 조사(2001~2013)에 의하면 14,936㎞이며 동·서·남해안은 각기 그 특색을 달리하고 있다. 해안선을 따라 발달된 갯벌은 세계적으로도 매우 우수하며 총 갯벌 면적은 2,482.0㎢(서해안 2,079.9㎢, 남해안 402.1㎢)이다. 갯벌은 간척 및 매립사업으로 인해 해안생물과 철새들의 서식지가 점차 감소하는 등 갯벌생태계에 심각한 영향을 미치고 있다.

3.2 동물서식지 파괴에 의해 멸종된 동물종

가. 흰부리딱따구리(*Campephilus principalis*)

한때 흰부리딱따구리는 미국 루이지애나주나 아칸소주에 많이 서식하였고, 서식지는 성숙한 저지대 피자식물림과 삼나무 습지였으나 그 대부분이 1900년대 초까지 농경지로 전환되었다. 그 이후 이종에 대한 발표된 보고가 없었다.

나. 바다사자(*Zalophus japonicus*)

1950년대에 독도에서 확인되었다는 보고가 있었지만, 서식지 상실 및 포획 등으로 멸종되었다. 상업적으로 바다사자의 지방은 기름으로 사용되었고, 가방의 재료로 가죽, 살과 뼈는 비료로 사용되었다.

다. 양쯔강 돌고래(*Lipotes vexillifer*)

중국 양쯔강에서 살았던 돌고래로 2006년 중국 정부에서 양쯔강 돌고래가 멸종된 것으로 공식 발표하였다. 양쯔강과 주변 수로의 산업화가 진행되면서 멸종된 것으로 보고 있다.

라. 멕시코 회색곰(*Mexican grizzly bear*)

멕시코 회색곰은 미국 애리조나주와 뉴멕시코주에서 서식한 회색곰으로 1964년 멸종되었다. 멕시코 회색곰이 그 지역의 목장에서 사육가는 가축을 죽인다는 이유로 목장주들이 무분별하게 사냥을 하여 점차 사라지고 결국 멸종이 되었다.

마. 서부검은코뿔소(*Western black rhinoceros*)

검은코뿔소의 아종으로 한때 아프리카의 사바나에 널리 서식하였지만, 밀렵으로 인해 그 수가 줄어들었고 2011년에 멸종된 것으로 선언되었다. 서부검은코뿔소의 뿔은 해열, 해독, 전통의식을 위한 장식 등으로 사용되었다.

4. 생물종 다양성과 인간의 생활환경

4.1 생물종 다양성의 중요성

종의 다양성은 어떤 지역에 서식하는 미생물, 동식물 등의 생물이 다양한 많은 종으로 구성되는 것을 말한다. 종의 다양성은 생물이 지구상에서 어느 정도 다양한 환경에 진화적 및 생태학적으로 적응하였는가를 나타내고 있다고 할 수 있다. 생물은 환경의 물리적 변화(기후변동, 토양이나 물 이용의 변화 등)와 생물적 변화(먹이로 되는 동식물의 변화나 경쟁자의 출현 등)에 적응하는 과정으로 하나의 종이 복수로 나누어지는 〈종 분화〉를 반복함으로써 다양화하여 왔다. 생물종 다양성의 중요성은 다음과 같이 요약할 수 있다.

첫째, 생물다양성은 인간의 복지 측면에서의 어떤 직접적 또는 간접적 가치에 관계없이 고유의 본질적 가치가 있다.

둘째, 생물종 다양성의 유지는 유전자원과 생물자원의 보존, 인간 생활환경 터전을 유지시킨다.

셋째, 생태계의 안정화 유지이다. 영양물질 순환, 생물학적 생산성, 영양관계, 물과 공기의 정화, 침식 조절, 산소공급과 탄산가스 제거, 그리고 생태계의 안정과 구조 유지에 관계되는 여러 기능을 지니게 됨으로써 결국 전체적으로 서식 가능한 지구와 정상적으로 작동하는 생태계의 유지에 필수적이다.

이와 더불어 인간이 의식주 특히 음식물, 의약품, 산업용품들을 다양한 생물자원으로부터 얻어 왔다. 예를 들어 조제되고 있는 약 처방의 4분의 1이상이 식물로부터 추출된 성분이며, 다수의 항생제를 미생물로부터 얻고 있는 실정이다. 또한 다양한 생물자원은 레크레이션과 관광자원으로 이용되고 있다. 따라서 건강한 생태계를 유지하여 생물종의 다양성을 갖게 하는 것은 본연적으로 인간생활 및 환경의 최적화에 커다란 의미가 있다.

그러나 오늘날 인류의 무분별한 생태계 훼손으로 생물종의 다양성은 어느 때보다도 빠르게 손실되어 가고 있어 100만 종에 달하는 생물들이 멸종 위기에 처해 있다. 이러한 수많은 생물들이 멸종될 경우 지구의 생태계는 급격하게 무너지고, 이로 인해 향후 30년간 인류는 심각한 식량과 물 부족난을 겪게 될 것으로 보고 있다.

4.2 생물종의 감소원인

가. 자연적 멸종

기후변화 또는 포식, 경쟁, 질병 등을 성공적으로 극복하지 못해 자연적으로 사라지게 된다. 예를 들면 많은 무척추동물 문들이 5억 7천만년 전 캄브리아기 초기의 폭발적 진화 중에 번성하였는데 이 대부분은 현재 멸종되었다.

많은 식물은 종자의 산포를 동물에 의존하고 있는데, 조류나 포유류의 종수가 감소하고 있어 이미 멸종된 종도 있고, 식물의 종자를 광범위하게 효과적으로 산포해 주는 많은 동물이 사라졌다. 지표면에 살고 있는 동물 중에서 특히 토양 중에 서식하는 거미, 갑충류, 설치류 등은 일반적으로 확산력이 약하고 멸종될 가능성이 높은 종류이다.

나. 남획에 의한 멸종

잠재적으로 재생 가능한 생물학적 자원을 유지 불가능한 수준의 채집 또는 수확에 의하여 많은 종이 절멸되었다. 특히 과도한 수렵은 상품 가치가 있는 대형종의 인위적 멸종 또는 멸종위기의 가장 주된 원인이다. 이 현상은 여러 종류의 물개, 듀우공(dugong), 해우(manatee) 및 고래 종류, 큰수염고래, 북극고래, 흰긴수염고래 등의 멸종을 가져왔다. 1627년 유럽에서 멸종된 소의 선조인 오로크스(aurochs:Bos primigenius), 피레네산맥에서 1910년에 멸종된 스페인아이벡스(Spain ibex:Capra pyrenaica), 1892년경에 멸종된 포르투갈아이벡스(Portugal ibex:C. P. lusitanica), 1768년경부터 기록이 없어진 베링해의 스텔러해우(steller sea cow: Hydrodomalis gigas), 20세기에 멸종된 알제리가젤(Algerie gazelle:Gazella rufina) 등이 있다.

다. 도입종에 의한 멸종

여러 지역에서 취약한 생물상들이 몽구스, 고양이, 개 등의 포식자, 인간과 돼지 등의 도입종에 의해 대량으로 죽었다. 예로 아프리카의 빅토리아호에서 나일농어(Nile perch)의 도입은 기존에 있던 작은 물고기를 멸종시키고 있다. 인간 또한 생물의 멸종을 일으킬 수 있다. 17세기까지 아프리카 마다가스카르 모리셔스섬에 살았던 도도(Dodo)라는 새는 인간이 섬에 상륙하여 사냥이나 가축들을 방목하게 되면서 사라지게 되었다.

라. 서식지 파괴에 의한 멸종

많은 종들은 인간 활동에 의해 자연 서식지의 농경지화, 도시화, 산업화에 의하여 자신들이 서식지를 잃어가고 있다. 이러한 서식지의 파괴로 인한 멸종 종들의 예를 들어보면 미국 흰부리딱다구리, 해안 직박구리, 검은발 족제비와 송이풀 등이 있다.

4.3 생물종 다양성 확보방법

가. 전국 생태자연도 작성

식생의 자연성 등 산림의 일부 요소만 평가되어 습지, 철새도래지, 야생동·식물 및 그의 서식지 등 생태계 전반을 평가하는 녹지자연도는 물론 식생, 습지, 철새도래지, 야생동·식물 분포현황 등 자연환경을 종합하여 지역의 보전 가치를 평가할 수 있는 전국 생태자연도의 작성이 진행되고 있다.

나. 생태학적 보전지역 지정

희귀하고 위태로운 생물이 살거나 위태로운 군집이 있는 지역을 확인하여 생태학적 보전지역으로 지정하여 관리하고 있다. 중요한 보전 논쟁에 대한 대중의 인식의 강화, 희귀하고 위태로운 종과 군집의 생물학과 생태학에 대한 감시와 연구가 지속적으로 진행되어야 한다.

다. 야생동물 보호 및 밀렵방지

환경부는 밀렵을 원천적으로 근절하기 위해 환경부에 밀렵방지대책본부를 설치하고 민간 밀렵감시단을 조직하고 환경관리청과 시·도에는 밀렵감시반을 편성하여 강도 높은 야생동물 밀렵 단속을 실시하고 있다.

마. 생물종 번식향상

멸종위기야생동식물과 보호야생동식물의 체계적인 보전은 물론 인공번식을 통한 자연으로의 복원을 위한 노력이 가속화되어야 한다.

바. 서식지의 분단화 금지

서식지의 분단화는 생물다양성을 잃게 하므로, 연속한 서식지를 분단하는 도로건설이나 개발계획에는 이의를 제기해야 한다. 가능하면 보호구역 내의 도로를 폐쇄하고 자연의 생태계가 재생될 수 있도록 해야 한다. 보호구역의 관리자는 주변 지역의 토지소유자(공유지 또는 사유지)와 협력하여 더욱 광범위하게 생물다양성을 보전하도록 노력해야 할 것이다. 이와 같이 지속적인 광범위한 생태계 관리가 필요할 것이다.

제8장

보호해야 할 동물

1. 실태

최근 연구에 의하면 환경오염, 기후변화, 서식지 파괴 등으로 인해 2050년이 되면 지구상에 살고 있는 생물종(약 870만) 가운데 15~37%가 멸종될 것으로 예측하고 있다. 이렇게 사라지는 수는 하루에 150~200종에 해당된다. 세계자연보전연맹에서 평가에 의하면 13,000종 이상의 동물을 멸종 위기로 분류하고 있고, 우리나라에서도 멸종위기종의 수가 지속적으로 증가하고 있다.

생태계 속에 존속하는 모든 종들은 상호 의존적인 관계로 균형을 유지한다. 이는 건물을 구성하기 위한 벽돌과 같은 역할을 한다. 따라서 한 두개의 벽돌이 없으면 큰 지장이 없지만, 여러 개의 벽돌이 없어지면 상호 의존적인 균형이 깨지게 되어 건물이 무너지게 되는 것에 비유할 수 있다. 예를 들면 생태계 속에서 단 1종의 조류가 멸종되면 곤충은 90종 이상, 식물은 35종, 어류는 2내지 3종 가량이 같이 멸종될 수 있다.

야생동물은 인간과 달리 서식지를 쉽게 다른 곳으로 옮겨가며 살기 어렵기 때문에 서식지를 잃게 되면 모든 개체가 죽게 될 정도로 생존에 치명적이다. 하지만 이러한 야생동물의 서식지는 인간의 영향권에 있기 때문에 야생동물이 인간의 영향권에 의해 피해를 받게 된다. 그리고 서식지에는 이미 환경에 적응된 종인 선주자가 있기 때문에 신참자가 자리잡을 만한 서식지가 없을 뿐만 아니라 설령 있다고 해도 적응하기가 매우 어렵다. 이러한 요인이 야생동물의 희귀 및 절종 위기에 이르게 하고, 이에 대한 보호대책의 마련이 시급하다.

예를 들면 인간에 의한 무분별한 벌채는 산림의 생태계를 변화시키게 되며 이는 야생동물의 서식지를 앗아가는 결과를 가져온다. 이 외에도 인간의 활동에 의한 지역별 파괴 행위는 그 지역만이 아닌 다른 서식지에도 영향을 미친다.

오늘날 인류가 지구의 환경 파괴에 끼치는 영향은 전지구촌에 이르기까지 확대되고 있다. 지구를 둘러싼 대기 조성과 우주 공간의 방사선 균형, 수분분포, 기후에 이르는 우리의 모든 생활 터전이 변화되고 있으며, 이러한 변화는 결국 지구의 물리적, 화학적 성질 그 자체에 이르기까지 영향을 미치고 있다. 최근 들어 더욱 혹심해진 환경 파괴는 인구의 증가에 따른 물질의 수요가 가장 큰 원인이 되고 있다. 현대 산업이 물질적 번영을 추구하고 유지하기 위해 더욱더 많은 에너지를 필요로 하는 데 따른 욕망은 바로 환경 파괴의 원인으로 작용하고 있다.

기계화에서 비롯된 농지의 획일화, 나날이 낮아지는 살충제의 효과, 인공화된 토양, 야생 자원의 남획, 상거래와 위락 시설 등으로 야기되는 생태계의 파괴 그리고 자연 지역의 인위적인 개발, 인구 증가에 따른 압박 등으로 기인된 생물의 멸종 위기는 지난 300년 동안 5배에서 50배로 급속한 증가를 기록했다. 이러한 증가 현상은 절종의 속도를 점점 가속화시키기에 이르렀다. 금세기 말에 이르면 지금보다 약 10배의 속도로 가속화하리라는 학계의 추정이다. 이렇게 엄청난 결과를 유발하는 근본 원인은 인간이 저지르는 벌채에서 기인된 열대 우림의 파괴이다.

2. 현황

한반도의 포유동물은 남·북한을 합하여 8목(order) 32과(family) 127종(species)에 이른다. 이러한 127종은 호랑이가 포함한 식육목(Carnivora) 25종, 토끼목(Lagomorpha) 3종, 고슴도치목(Erinaceomorpha) 1종, 땃쥐목(Soricomorpha) 10종, 박쥐목(Chiroptera) 24종, 설치목(Rodentia) 20종, 고래목(Cetacea) 37종, 우제목(Artiodactyla) 7종으로 구성되어 있다.

3. 보호해야 할 동물종

3.1 재래동물

가. 재래흑염소

1) 유래

염소의 염(髥)이라는 한자는 구레나룻을 의미하면 염소의 턱에 수염이 있음을 의미한다. 체구가 큰 외국산 흑염소 또는 외국산 흑염소와의 교잡종과 구별하기 위해 국내 흑염소를 재래흑염소, 재래산양, 또는 토종흑염소로 부르고 있다. 따라서 흑염소는 외국산 흑염소와 재래흑염소를 모두 포함하는 용어이다. 우리나라에서 염소는 흑색, 백색, 갈색 계통이 있는데 약 2,000년 전부터 사육된 것으로 추정되고 있다. 흑염소에 관한 역사기록에 의하면 고려시대에 중국에서 도입된 기록이 있으며, 조선시대 세종실록에도 보양식으로 기록되어 있다. 하지만, 현재 우리나라의 흑염소는 대부분 발육과 산육성을 개선하기 위해 외국산 흑염소와 교잡사육을 하고 있어서, 재래흑염소는 농촌진흥청이나 소규모의 형태의 사육농가에서 일부 사육하고 있지만 그 수가 매우 적다.

2) 특징

재래흑염소는 짧은 털을 가지고 있고 털색은 검고 짙다. 체구는 작고 귀는 작고 직립형이다. 뿔은 암수 모두 존재하며 뿔의 형태는 수컷은 활 또는 낫모양으로 등선을 향해 뻗어 있고, 암컷은 가늘고 작으며 머리 위로 뻗어 있다. 외국산 흑염소에 비해 발육이 늦고 산육성이 떨어진다. 생시체중은 1.7～2㎏, 이유 시(120일령) 체중은 7.5～9㎏, 6개월령 체중은 10.0～13.0㎏, 12개월령 체중은 18.0～20.0㎏, 성축의 체중은 30～50kg 정도이다. 정육율은 30.0～33.0%이고, 도체율은 45.8～48.0%이다. 두당 평균 산자수는 1.7정도이다.

3) 사육산업의 장점

- 다른 축종에 비해 농후사료 의존도가 낮아 비교적 소자본으로 육성이 가능하다.
- 많은 노동력이 필요하지 않아 인건비 부담을 줄일 수 있다.
- 다른 축종에 비해 자본회전이 빨리 단기간에 수익창출이 가능하다.
- 다른 축종에 비해 판매가격 변동폭이 적어 안정적인 생산유지가 가능하다.
- 오·폐수가 거의 없는 환경 친화형 산업으로 분뇨처리 부담이 적다.

4) 이용성

- 흑염소 고기의 특징 : 저지방, 저콜레스테롤, 고단백, 고칼슘, 고철분, 고비타민E
- 요리 종류 : 불고기, 전골, 수육, 돈양육, 곰탕, 육계장, 꼬치
- 건강보조식품 개발이용 : 사물탕, 팔물탕, 십전대보탕의 한약재와 함께 중탕을 함으로써 체력보강, 영양보급, 정력증강, 양맹증 및 시력감퇴 예방, 산후와 수술 후 몸조리 등으로 이용된다.
- 털가죽으로 이용
- 실험동물로 이용

5) 사육현황

우리나라 염소 총 사육두수는 2017년 기준으로 39만마리 이상 사육되고 있다. 하지만, 우리나라의 흑염소는 대부분 발육과 산육성을 개선하기 위해 외국산 흑염소와 교잡사육을 하고 있어서 순수 재래흑염소는 그 수가 매우 적다. 현재 재래흑염소는 농촌진흥청 국립축산과학원에서 보존하고 있으며 우수계통을 육성하고 있다.

나. 재래돼지

1) 유래

한국 재래돼지는 아시아계 멧돼지인 만주돼지 중 소형종으로부터 유래된 것으로 추측되며 약 2,000년전 고구려 시대부터 사육되어 구한말까지 순종으로 보존 유지되어 왔으나 일제 강점기에 1908년을 전후하여 버크셔종과 요크셔종의 도입종과 교잡화가 실시되어 거의 사라졌다. 1988년부터 민가에서 사육되고 있는 돼지를 수집하여 축산기술연구소와 제주축산개발사업소에서 순수화 연구가 진행되어 왔다. 2008년 국립축산과학원에서 재래돼지의 외형복원에 성공하였고 품종혈통으로 처음으로 등록하였다. 조사결과에 의하면 1996년도 약 9천여두가 사육중인 것으로 나타났지만 대부분 잡종후손이다. 비교적 순수도가 높은 재래돼지는 국립축산과원 등 국가연구기관에서 보유하고 있다. 2008년 136두의 순수혈통이 등록되었고, 그 이후 100두 내외로 등록되고 있다.

2) 특징

재래돼지는 환경적응성이 뛰어나고 질병에 강하지만 개량돼지에 비해 체구가 작고 산자수가 떨어진다. 재래돼지의 산자수는 7~8두로 개량돼지의 산자수 10~12두에 비해 떨어진다. 개량돼지에 비해 재래돼지의 일당증체량은 50~60% 수준이고, 등지방 두께가 두꺼우며, 사료효율이 떨어진다. 재래돼지는 일당증체량이 떨어지기 때문에 240일령 전후가 되어야 시장출하체중인 90㎏ 정도에 이를 수 있다. 재래돼지의 육색은 개량돼지보다 더 붉고, 육질은 개량돼지보다 보수력이 높고 조리감량이 적지만 전단력이 더 높아 더 질긴 감이 있다. 관능검사에서 다즙성이 좋고 향미가 우수하여 맛이 좋다.

다. 재래닭

1) 기원

우리나라에서 닭의 사육기원은 문헌상으로는 고대 부족사회에서 찾을 수가 있으나, 유입경로에 대해서는 다른 가축과 상이한 것으로 추측된다. 문헌상으로 나타난 기록으로는 서기 3세기 중엽의 삼국지(三國志)의 위지동이전한전(魏志東夷傳韓傳)에 "한국에는 진기하고 아름다운 꼬리가 긴 닭이 있는데, 그 꼬리의 길이는 5척을 넘는다"라는 내용의 기록이 있어서 이 시기에 우리나라에는 꼬리가 긴 장미계(長尾鷄)를 사육하고 있었다고 추측된다. 그리고, 천마총에서 계란이 출토된 것으로 보아 이미 기원전 2000년경부터 우리나라에서 닭이 사육되고 있었음을 추정할 수 있으며, 닭의 유입경로는 동남아시아에서 직접 도래하였거나, 중국의 남부와 북부지방을 거쳐 유입되었을 것으로 추측된다.

2) 특성

우리나라 재래닭은 취소부란성(알을 품는 성질과 부화된 병아리를 잘 기르는 특성)이 강하며, 성질이 활발하고, 부화육추를 매우 잘하므로 모계로 적합하다. 재래닭은 몸이 가볍고 날개가 강하여 나르는 힘이 풍부하다. 꼬리가 길어서 땅에 닿는 것이 많다. 단관이며, 볏은 적색, 고기수염은 길고 목의 깃털이 많다. 다리의 길이는 중간정도이며, 다리에 털을 갖지 않는 것이 보통이다. 체중은 수컷이 2.4kg 내외이고 암컷은 1.9kg 내외이다. 연간산란수는 175~180개 내외이고 난중은 52g 내외이다. 난각색은 갈색이고 난형은 타원형이다. 비육이 잘되지는 않지만 맛이 좋고, 근육에는 기름이 적다.

3) 품종별 특징

- 갈색종 : 갈색종 중에서 전체적인 깃털 색깔이 진한 갈색인 것은 적갈색종으로 분류되고, 연한 갈색인 것은 황갈색종으로 분류된다. 수탉의 머리, 목 및 등의 깃털은 황갈색 또는 적갈색이고, 어깨 및 등부위는 암적갈색 또는 흑색이다. 가슴과 다리는 적갈색 또는 흑색이고, 꼬리는 녹흑색 띠를 이루고 있어서 갈색 Leghorn종과 유사하다. 암탉은 회갈색으로 각 깃털마다 검은 줄무늬가 있다. 꼬리는 흑색, 등 및 날개는 회갈색의 바탕에 검은 줄무늬가 있다. 때로 은회색의 바탕에 검은 줄무늬가 있는 것도 있다.

- 백색종 : 깃털이 순백인 것이 있기는 하지만 흑색 반점이 있는 것도 있고, 목과 날개에 황갈색을 띠는 경우도 있다. 부리와 정강이는 황색이다.
- 흑색종 : 흑색종은 원래 우모가 흑색이기는 하지만, 다소의 녹색을 띠는 것이 보통이다. 부리 및 정강이는 회흑색이고 볏은 적색 또는 암적색이다.

라. 연산오골계

1) 유래 및 사육지

연산오골계의 원산지는 중국 당나라로 약 800년 전에 우리나라에 유입되어 계룡산에 서식하였다. 충남 윤산군 연산면 화악리에서 사육하고 있는 오골계는 약 350년 전 전주 이씨 익안대군의 14대손인 "이형흠"이 처음 사육하여 현재 이래진이 이를 계승하여 사육하고 있다. 1980년 4월 1일 천연기념물 제 265호로 지정되었다.

2) 이용성

- 계란 : 연한갈색의 난각
- 계육 : 동의보감(허준 저)에 의하면 검은 수컷은 약병을 흑운계라 하여 주로 보탕으로 사용했으며, 수컷은 백운계라 하여 강심용으로 암컷은 보혈용으로 그 약효가 있다.
- 적응증상 : 심한 정신적 충격, 산후회복, 대하증 및 자궁출혈증, 허노약자의 보양, 신경통, 타박상, 골절상 등 골통, 중풍에 의한 마비증상, 편도선염, 연주창, 인후가 심하게 아플 때, 간, 신장의 어혈 및 농제거

3) 일반외모 특징

- 볏 : 단관으로 6~8개의 관첨으로 되어있고, 볏의 색깔은 적흑색이다
- 부리 : 중간정도의 길이로 약간 구부러져 있으며 부리색은 흑색이나 끝

은 백색

- 눈 : 눈은 둥글고 흑색
- 얼굴 : 적흑색이며 얼굴에는 우모가 없다.
- 귀뿌리 : 비교적 작은 편이고 회흑색이며, 간혹 백색, 백흑반인 것도 있다.
- 혀 : 회흑색
- 발가락 : 발가락은 5개로서 모두 회흑색이며 정강이 외측에 각모가 있는 것도 있다.
- 깃털색 : 암수 모두 진한 흑색이 많고 백색은 드물다. 간혹 주익우에 1~2개의 백색 깃을 가진다.
- 피부색 : 회흑색 또는 자흑색이다.
- 뼈 : 뼈에는 회흑색의 골막을 나타낸다.

4) 성질 및 특성

- 성질 : 비교적 예민하여 신경질이며 잘 놀란다. 암컷은 취소성과 모성애가 강하며, 수컷은 매우 호전적이다.
- 초산 일령 : 평균 180일
- 연간산란수 : 약 100개
- 난중 : 45~53g
- 생체중 : 암컷 : 1.5~2.0kg,
수컷 : 1.8~2.5kg

마. 한우

1) 기원

한우는 기원전부터 우리나라에서 사육되어 오던 역용종이었다. 지금까지의 연구에 의하면 한우(Bos taurus Coreanae)는 유럽원우(Bos primigenius)와 인도원우(Bos indicus)의 혼혈종에서 기원하여 북부중국·만주를 거쳐 한반도에 옮겨온 후 다른 품종과의 교류없이 순종번식에 의하여 오늘에 이른 것으로 보고 있다.

2) 특징

한우의 대표적인 피모색은 황갈색이다. 체구는 그리 크지 않은 편이며, 체질이 강건하고 조악한 사료에도 잘 견디며, 성질이 온순하여 사육관리에 별 어려움이 없다. 다른 나라의 소와 비교했을 때 번식능력이 우수해서 사육환경이 좋지 않아도 80% 이상의 높은 번식률을 보이고 있다. 한우의 초산일령은 759일 정도이고, 번식간격은 370일 정도로 다른 육용우에 비해 짧아서 상대적으로 번식능력이 우수하다. 생시체중은 수송아지가 24～25㎏, 암송아지가 22～23㎏으로 다른 품종에 비해 낮다. 이유 시 체중은 수송아지가 175.4㎏ 정도이고, 암송아지가 138.1㎏ 정도이다. 한우 발육능력은 다른 육용우에 비해 떨어지기 때문에 지속적인 개량사업이 진행되고 있다. 한우의 맛과 영양은 다른 육용우에 비해 우수하다. 또한 근내지방도와 관련된 지방 함량이 다른 육용우에 비해 우수하다. 일반적으로 30개월령 내외에서 거세한우 체중이 650～700㎏ 전후에서 출하가 많이 이루어진다.

3.2 야생 포유류

우리나라에는 총 125종의 포유류가 확인되었고, 이 중에서 20종이 멸종위기종에 속한다. 20종의 멸종위기종에는 늑대, 대륙사슴, 반달가슴곰, 붉은박쥐, 사향노루, 산양, 수달, 스라소니, 여우, 작은관코박쥐, 표범, 호랑이, 담비, 무산쇠족제비, 물개, 물범, 삵, 큰바다사자, 토끼박쥐, 하늘다람쥐가 있다. 현재 지속적으로 반달사슴곰, 산양, 여우의 복원사업이 진행 중에 있다. 이러한 복원사업 결과 반달사슴곰의 경우 2020년 목표인 최소 존속개체군 50마리를 달성하였고, 산양의 경우 100마리 목표에 근접하게 되었다.

3.3 야생조류

우우리나라에는 총 527종의 조류가 확인되었고, 이 중에서 63종이 멸종위기종에 속한다. 63종의 멸종위기종에는 검독수리, 넓적부리도요, 노랑부리백로, 두루미, 매, 먹황새, 저어새, 참수리, 청다리도요사촌, 크낙새, 호사비오리, 혹고니, 황새, 흰꼬리수리, 개리, 검은머리갈매기, 검은머리물떼새, 검은머리촉새, 검은목두루미, 고니, 고대갈매기, 긴꼬리딱새, 긴점박이올빼미, 까막딱다구리, 노랑부리저어새, 느시, 독수리, 따오기, 무당새, 물수리, 벌매, 붉은배새매, 붉은어깨도요, 붉은해오라기, 뿔쇠오리, 뿔종다리, 새매, 새호리기, 섬개개비, 솔개, 쇠검은머리쑥새, 수리부엉이, 알락개구리매, 알락꼬리마도요, 양비둘기, 올빼미, 재두루미, 잿빛개구리매, 조롱이, 참매, 큰고니, 큰기러기, 큰덤불해오라기, 큰말똥가리, 팔색조, 항라머리검독수리, 흑기러기, 흑두루미, 흑비둘기, 흰목물떼새, 흰이마기러기, 흰죽지수리가 있다.

3.4 천연기념 동물

가. 포유류

1) 하늘다람쥐

- 영 명 : Eurasian Flying Squirrel
- 학 명 : *Pteromys volans aluco* (Thomas)
- 천연기념물 제328호(1982년 11월 4일 지정)

[분포] 우리나라 특산 아종이다. 서울 동북 55마일 지점 해발 5,000피트가 기산지이며 암컷이 기표본이다. 일본 야마시나 조류연구소에 소장되어 있다. 백두산에서 경기도와 강원도 그리고 경상북도 가지산 도립공원에 이르기까지 전역에 분포되었으나 희귀하다.

[현실태] 백두산 일원(앞갈나무의 수동에서 11개체 채집 보고, Bergman, 1938.)

에서는 흔히 눈에 띈다고 하나 중부 지방에서는 매우 희귀한 짐승이다. 1967년 4월 28일 경기도 남양주군 마석 북방 2㎞ 지점에 위치한 경사진 잣나무밭(국유림)에 가설한 인공소상에 영소, 번식한 2마리의 유수에 대한 기록이 우리나라에서는 첫 번식 기록이다(元, 1968). 이밖에도 경기도 포천과 강원도에서 여러 차례 채집되었는데 춘성군에서도 번식한 새끼2개체를 생포한 예가 1건 있으며, 드물게나마 중부지방 도처에서 발견되거나 번식기에 생포된 예가 있다. 현재 우리나라 동물원에서는 사육하고 있지 않다.

2) 곰(반달 가슴곰)

- 영 명 : Manchurian Black Bear
- 학 명 : *Selenarctos thibetanus ussuricus Heude*
- 천연기념물 제329호(1982년 11월 4일 지정)

[분포] 본 아종은 시베리아의 아무르·우수리 지방, 중국 동북 지방과 북부 및 우리나라 등지에 분포되어 있다.

[현실태] 우리나라에서는 지리산에서 평안 남북도 및 함경 남북도에 이르는 전역의 고준 지대에 서식하였으나, 남한 전역에서는 매우 희귀해졌으며 절종 위기에 처해있다. 그러나 북한의 고준 지대에는 아직도 적지 않은 집단이 생존하리라 추정된다. 남한에서의 6·25뒤의 기록으로는 1966년 5월 31일 설악산 장수대에서 사육 중인 어린 1개체와 1959년 8월 9일 지리산에서 세석평원을 횡단하는 성수 1마리를 목격한 예, 1967년 1월 포획된 설악산산(産) 유수 1개체(경희대 자연박물관 소장), 1978년 10월 지리산 바위굴에서 어린 새끼 2개체를 사진 촬영한 예, 1983년 5월 22일 설악산에서 밀렵된 암컷1개체 등과 이외에도 최근까지 수회에 걸친 사진 촬영과 관찰 기록 등이 있다. 창경원 동물원에서는 1953년 이래 1961년까지 수컷 4개체를 기증받아 3개체를 사육했었다.

[서식지] 해발 1,500m 이상의 활엽수림에 산다. 장과와 산과(실)특히 도토리가 많은 참나무 숲에서 즐겨 산다. 묘향산과 같은 곳에서는 6월에 벚나무 열매를 먹기 위해 벚나무 가지를 꺾는다고 한다. 그러나 가을에는 산간 부락 가까운 곳에도 내려와 옥수수를 먹곤 하였다. 겨울에는 바위굴(외국에서는 큰 나무의 구새통)에서 겨울잠을 자지만 때로는 겨울에도 활동한다.

3) 수달

- 영 명 : Otter
- 학 명 : *Lutra lutra lutra* (Linnaeus)
- 천연기념물 제330호(1982년 11월 4일 지정)

[분포] 구아 대륙에 널리 분포되었으며 시베리아, 중국 북부, 인도, 실론 및 사할린, 일본, 타이완과 우리나라 등지에 서식한다.

[현실태] 제2차 세계대전 약 70~80년 전까지는 우리나라 전역(부산에서 평안북도까지)에서 흔히 포획되어 목도리, 등거리조끼앞면 등에 귀하게 쓰였던 모피수이다. 주로 중부 이북 지방, 특히 평안 북도의 산간 하천가에서 흔히 볼 수 있는 짐승이었다. 그러나 6·25 뒤 남획을 거듭한 결과, 근래에는 거의 자취를 감추어 가고 있는 실정이다. 기록을 보면 1971년 9월 19일 강원도 오대산 월정사 냇가의 유수, 1972년 7월 11일 전라북도 무주 구천동 삼상리에서 수일 전 껍질이 벗겨진 새끼수달의 예와 1978년 11월 경상남도 함양군 유린면에서 촬영된 유수 그리고 1986년 10월 28일 서울 동호대교 부근인 한강변 올림픽도로상에서 택시에 치여 죽은 수컷 1마리(몸길이 1,180㎜, 앞다리 77.2㎜, 뒷다리 118.4㎜, 귀 23.13㎜, 몸무게 9,530g 위에는 물고기뼈 1.44g 이 이었다. 경희대 자연박물관 소장)등이 있는데 절종 위기에 처해있다. 하천가에 있는 나무 뿌리나 땅에 구멍을 파고 항상 그 안에서 사는데 출입 구멍은 물가에 내고 땅 위에도 공기 구멍을 낸다. 해안이나 하천가의 바위구멍에도 살며 서식 장소 부근에는 물고기뼈가 흩어져 있어 냄새가 나므로 곧 그 존재를 알 수 있다. 주로 야행성이며 다리가 짧아 지상에서

빨리 달리 수 없다. 그러나 물에서 헤엄도 잘 치며 이동할 때에는 물을 이용한다. 눈이 내린 뒤에는 눈 속으로, 결빙 뒤에는 빙판 밑으로 헤엄쳐 다니다가 얼음이 녹은 곳에서 노출된다.

[서식지] 산간 지대 하천과 물가, 해안의 바위 절벽 부근의 땅굴과 바위굴에서 산다. 해안에서의 먹이는 어류이고, 하천에서는 작은 물고기, 가재 및 개구리 등이다. 복잡하게 만입된 자연 해안과 호안 공사가 이루어진 상류역은 수달의 기호 환경이다.

4) 물범

- 영 명 : Okhotsk Seal
- 학 명 : *Phoca vitulina largha* Pallas
- 천연기념물 제331호(1982년 11월 4일 지정)

[분포] 북태평양에서는 캘리포니아의 알류샨(Aleutian) 해역, 캄차카반도, 지시마, 북해도 및 혼슈에 널리 분포되어 있으며 동해, 황해 및 동지나해의 북부에도 서식한다. 북쪽은 베링(Bering)해협을 거쳐 북극해까지 서식하나 남반구에는 서식하지 않는다. 이스트 케이프(East Cape, 170。 w)에서 베링 해안을 따라서 지시마로 내려오며 오호츠크 해의 거의 전 주변에 분포되어 있다. 번식 해역은 오호츠크 해 북위 53~63°사이이다. 코멘더 제도에서는 매년 볼 수 있으며 분만 시기는 4월말에서 5월 초라고 한다.

[현실태] 북한에서 채집된 확실한 기록은 1936년 1월 청천강 하류에서 1점, 1949년 5월 황해도 초도에서 1점과 1973년 백령도 진촌 앞바다에서 잡힌 1점등 4건과 1976년 5월17일 전라북도 옥구 앞바다에서 어망에 걸린 1마리 그리고 1985년 5월 16일 경기도 화성군 앞바다에서 갯벌로 들어왔다가 간조때 미처 바다로 빠져나가지 못하고 생포되었다가 군에서 방수한 예 등이 있다. 현재 서식수를 약 2만~5만 두 정도로 추산(니시와키 및 야부우치, 1995)하고 있으나 지금은

훨씬 감소되었을 것이다.

5) 사향노루

- 영 명 : Musk Deer
- 학 명 : *Moschus moschiferus parvipes* Hollister
- 천연기념물 제216호(1968년 11월 20일 지정)

[분포] 본 종은 러시아에서는 알타이, 시베리아 동북부의 에니세이 강에서부터 시베리아 중부의 콜리마 강 동사면에 이르는 시베리아의 산악 침엽수림대 전역(시베리아 동북부와 캄차카는 제외), 오호츠크, 사할린 및 우수리 지역, 몽고, 만주 및 티베트, 중국은 사천성, 협서성, 산서성, 감숙성 및 한때는 하북성까지, 인도 서북부 지방의 카슈미르에서 동쪽으로는 네팔과 인도 벵골 북부의 시컴등지에 분포된 본 종7아종으로 구분된다. 전라남도 목포 부근의 산을 기산지로 하는 본 아종은 우리나라 이외에 만주를 거쳐 동부 시베리아의 아무르·우수리 지역까지 분포되었다.

[현실태] 우리나라에서는 전라남도 목포에서 백두산에 이르기까지 전역에서 분산적으로 소수가 포획되어 왔으나 점차 감소되어 최근에는 절종 위기에 처해 있다. 사향 주머니는 3년 된 수컷의 복부에 생기는데 이 사향선 때문에 사향노루는 위협을 받아왔고 또 절종 위기에 처하게 되었다. 한의학에서는 사향선을 중추신경 계통의 흥분제, 호흡 중추와 혈관 신축 중추 신경제로 쓰며 녹과 사향환의 원료로 쓰인다. 또 사향은 동물성 자연 향료로서 유일한 것이다. 최근 중국 대륙에서는 중국산 사향노루(근사종)를 사육 농장에서 인공 증식하고 있다. 러시아 연해주에서는 흔한 종이나 사할린에서만 절종 위기의 종으로 지정보호하고 있을 뿐, 그 밖의 지역에서는 사냥을 허용하고 있다. 비킨강 주변 산림에는 수천의 집단이 아직 생존하고 있어 인공 사육을 통한 증식을 시도해 볼 만한 종으로 과학적 사육 기술의 개발이 절실하다

[서식지] 험한 바위 사이를 잘 다니며 눈 위도 잘 달린다. 천적을 만나면 바위 틈에 숨으며 숲속에서는 넘어진 나무 위나 가로 뻗은 나뭇가지 위를 걸어 다니기도 한다.

6) 산양

- 영 명 : Goral
- 학 명 : *Nemorhaedus goral raddeanus* (Heude)
- 천연기념물 제217호(1968년 11월 20일 지정)]

[분포] 산양은 세계적으로 국한된 지역에 불과 5종밖에 알려져 있지 않다. 그 가운데 본 종은 티베트 포메 고워, 네팔, 중국 북부의 하북성, 서부의 사천성 및 시베리아 동남부 등지에 7 아종이 분포되어 있는데, 본 아종은 시베리아 동남부에서 만주를 거쳐 우리나라까지 분포되어 있다.

[현실태] 19세기 말엽에는 러시아의 아루르·우수리 지역에도 널리 분포되었으나 지금은 자취를 감추었다고 한다. 러시아에서는 현재 연해주 지방 씨호쎄·알린 동부 산맥에 한하여 잔존하며, 북부 한계선은 비킨 강 상류, 남부 한계는 동해로 흐르는 야슈 및 모무추키 강 유역의 암석 지대와 베렌베강 하구의 노소레부산까지에 걸쳐 서식하고 있는데 1956년 우랄더워스토크 생물학 연구소의 포유동물학자 브로물레이의 보고에 의하면 씨호쎄·알린 남부 산악 지역에 대략 400두 정도가 생존한다고 했다. 우리나라의 38선 이북 지역에서는 평안 남북도, 평안 남북도, 황해도(곡산, 대각산) 및 강원도 고준 지대에 분포 되었으며, 남한에서는 강원도 설악산에서 충청북도 제천군 월악산을 거쳐 경상북도 문경군 주흘산과 울진군 통고산(1,027m)에 이르기까지 태백산맥 줄기의 표고 1,000m 이상의 고준 지대에 서식했었다. 그러나 전후 남획으로 격감되어 몇천 두에서 몇백 두로, 지금은 겨우 몇십 두가 생존하리라 추정될 뿐이다. 강원도 휴전선 부근이나 인접 지역, 건봉산과 향로봉 그리고 고진동 계곡 일원에 작은 집단이 생존하고 있어 성역화 할 수 있는 방안이 시급하다. 한약제와 박제 또는 식용으로 남획된 것이 격감의

주원인이다.

[서식지] 경사진 가파른 바위 틈에 서식한다. 신갈나무, 피나무 등을 주식으로 하며 넓은잎외잎쑥, 산새풀 등을 부식으로 하고 28종류 이상의 푸른 잎과 연한 줄기를 즐겨 먹되 부득이한 때는 이끼류와 침엽수의 가지도 먹지만 이러한 상태의 영양은 불량하다. 특히 쑥은 체내 기생충에 대한 저항성을 가져왔다.

7) 울산 쇠고래 (극경) 회유 해면

- 천연기념물 제126호(1962년 12월 3일 지정)

[분포] 주로 북태평양에 분포되어 있다. 미국 대륙의 북태평양 연안을 북상 또는 남하하는 연안성 고래이다. 일본 연안은 시베리아 연안에서 제주도 부근까지 회유한다. 경도 180°선을 북상하여 북한은 베링해협을 빠져나가 북극해로 들어간다.

[현실태] 제2차 세계대전 종전 때까지 동해안의 신포, 평강군 유진, 장전, 울산 등지와 다도해에서 포획된 기록이 있다. 본 종은 매우 정확한 회유를 한다. 우리나라에서는 매년 11월 하순에서 다음 해 1월 하순에 걸친 2개월 사이에 동해안을 따라 남하 이동해 왔었다. 울산 부근 해면에 나타났던 것은 매년 11월 20일 이후이며 12월에 접어들면서 갑자기 수가 증가하였고, 12월 하순에서 연말에 걸쳐 가장 많이 회유 했으며 그 이후에는 수가 감소되어 1월 하순에는 거의 자취를 감추곤 했었다. 본 종은 북태평양의 동서 양안을 주회유로 하고 있어 미국의 포경 사업의 대상이 되어 왔으며, 우리나라 동해안에서도 20년간의 포경으로 이들 회유군은 거의 절종의 위기에 이르게 되었다.

[서식지] 수온 섭씨 5~10℃에서 바다새우, 물고기 알, 플랑크톤, 해삼 등을 주식으로 한다.

8) 진도의 진돗개

- 천연기념물 제53호 (1962년 12월 3일 지정)

[유래] 확실한 유래는 알 수 없으나 석기시대의 후예라고 할 수 있는 개 가운데서 나온 동남아계의 중형 종에 속하는 품종이다. 대륙과 격리된 채 비교적 순수한 품성을 그대로 보존하여 오늘의 진돗개가 되었다. 최근 진돗개보호육성위원회(1986)에서 밝혀진 진돗개의 보호 육성에 관한 기초 연구에 따르면 대략 다음과 같다.

[외모 및 체형]

- 수컷과 암컷의 정상 체형은 체고가 43.94～52.20㎝와 42.18～48.60㎝이다. 십자부고는 44.45～52.49㎝와 42.93～49.49㎝이다. 몸길이는 48.33～55.65㎝와 45.98～52.85㎝, 체고에 대한 몸길이의 비는 100.0～116.4㎝와 99.7～117.5㎝이다. 흉위는 51.80～60.24㎝와 48.40～56.40㎝, 복위는 39.71～48.75㎝와 37.42～47.88㎝이다.
- 수컷과 암컷의 두부 형태는 두개장이 10.32～12.26㎝와 9.71～11.37㎝, 이간(耳間)거리는 7.52～9.22㎝와 7.12～8.52㎝이다.
- 눈의 홍태색은 털 색과 무관하며 다갈색 개체가 전체의 91.7%이고 회색 개체가 8.3% 안팎이다. 비경색은 백색견의 경우 흑색과 홍다색이 반반이었으나 황색견은 대부분 흑색이여서 털 색깔과 연관하여 유전함을 알았다.
- 꼬리 길이는 수컷이 27.01±3.1㎝로 25.30±2.5㎝인 암컷보다 길지만, 몸길이 또는 체고에 대한 비율은 암수간에 차이가 없고, 꼬리형은 장대꼬리가 전체의 49.60%, 한쪽으로 넘긴형이 20.63%, 말린 꼬리가29.37%, 짧은 꼬리가 0.4%이다.
- 털 색깔의 비율은 황색이 전체의 54.77%, 백색이 38.56%, 흑색이 3.27%, 적색이 1.03%, 기타 반문인 것이 2.37%로 암수의 분포 차이는 없었으며, 긴 털의 개체도 전체의 8.33%나 된다.

[사육실태]

- 1986년 4월 30일 현재 6개월령 이상 성견 사육호수와 두수는 3,517호에 3,887두이고 암수 비율은 대략 4:1(78.1:21.9)이었으며, 4두 이상 집단 사육 가구 수는 10호로 전체의 0.3%에 불과하고 성견의 96%가 1~2두씩 사육하는 일반 가정에 있다. 따라서 보호 대책은 사육자 전체를 생각해야 할 것이다.
- 현재 진돗개의 체형 및 품성에 관한 사육자들의 견해는 몸집이 커지면 더욱 영민해짐과 동시에 사나워졌다는 편이 많은데, 이는 환경의 변화에 따른 결과나 선입견일 뿐 실제 혼혈에 의한 유전적 변화의 증거는 없으며, 앞으로의 개량 방향은 현상 보호 유지와 새로운 계통(진돗개의 수렵견 계통과 번견 계통) 육성의 이원적 대책 수립이 필요하다.
- 사료는 잔반을 이용하거나 별도로 견사료를 배합 조리해 준다고 하더라도 곡식 위주가 되기 때문에 불균형한 영양 섭취를 면치 못하고 있다. 이는 비만견을 만들 소지가 되며 아울러 질병에 대한 저항성 감퇴의 원인이 될 수 있기 때문에 개는 본래 육식 동물이란 점을 감안하여 전용 사료의 생산 공급이 필요하다고 생각된다.

9) 경산의 삽살개

- 천연기념물 제368호(1992년 3월 7일 지정)

[유래] 삽살개는 기원과 유래가 불확실하나 오래전부터 우리나라에 토착 사육해 온 사육견 품종의 하나임이 틀림없다. 특히 자유방임 번식으로 오늘날 점차 사라져 가고 있는 현실정을 감안할 때, 고유 품종으로서의 고정과 보존이 시급하다. 이에 경북대학교 자연과학대학 하지홍 교수의 여러 차례 건의에 따라 문화재위원회에서도 현실에 대한 인식을 같이하여, 거듭된 심의 끝에 마침내 1992년 3월 7일 천연기념물로 지정하기에 이르렀다.

[외형 및 특징] 삽살개는 체질이 강하여 사육이 용이하고 질병에 대한 저항성이

강하며, 외모가 지닌 위엄성이나 품성이 대담하고 침착함은 우수한 번견과 경비견으로서의 자질을 가진 개라고 할 수 있다. 국내 사육 실태를 보면 불완전한 조사이기는 하나 강원도(15), 경상남도(50), 경상북도(2), 경기도(1), 충청남도(1) 등 확인한 52두 중 경상북도와 강원도에서 43두(82.69%)에 이른다. 수집한 삽살개 30두(20♀♀,10♂♂)의 몸 9개 부위의 측정값은 표 1과 같으며 중형 견에 속한다.

표 1. 삽살개의 체각 부위 측정값(㎝)

	체고	체장	흉심	흉폭	이고	이간	이폭	모장	체중(㎏)
♂수컷(모견) (7:10♂♂)	53.4±0.7	57.7±0.9	20.8±0.6	18.2±0.5	8.2±4.0	13.3±0.3	8.6±0.36	14.8±1.1	20.8±0.6
♀암컷(비견) (7:20♀♀)	49.9±0.6	55.0±1.0	19.1±0.3	15.±80.2	7.8±0.3	11.±40.2	7.7±0.3	12.4±0.4	18.0±0.3

털 색깔은 흑회색, 황색 및 황회색의 세 가지이며 그 비율은 30두 가운데 흑회색 17두(11♀♀, 6♂♂), 황색 8두(6♀♀, 2♂♂) 및 황회색 5두(3♀♀, 2♂♂)로서 흑회색이 많다. 번식 실태는 18두의 수컷(모견)에서 분만한 총자견의 수는 82두로 모견당 평균 출산수는 4.6두이다. 성별 빈도는 빈(암컷) 자견이 38두(46.4%), 모(수컷) 자견이 44두(55.6%)이다. 1대 자견에서 삽살개 형질 소유견이 68두(86.9%), 비삽살개 형질 소유견이 14두(13.1%)의 비율이다. 자견의 발육 성능은 분만 직후에 99.2±0.5g, 1주령시 211.8±2.8g, 2주령시 269.0±2.9g, 3주령시 477.1±6.6g, 4주령시 1888.5±44.5g, 5주령시 2480.6±31.4g 및 6주령시 348.8±64.1g이다. 자견의 견온열과 전염성 간염에 대한 저항성은 자견 68두 가운데 생후 5개월 안에 발병한 예가 57두(84%), 비발병한 예가 11두(16%)이고 발병 중 폐사한 예 18두(32%), 회복한 예 39두(68%)로서 일반 다른 품종에 비해 저항성이 강하다. 삽살개는 마련된 종합 관리 지침에 따라 사육견 50~70두를 확보함과 동시에 순수 혈통 보존 증식과 방역 관리도 실시하여 행정 사항(견적부에 따른 개체 관리)을 비롯한 기타 필요로 하는 조처(반출 규제 등)를 취하고 있다.

10) 제주의 제주마

- 천연기념물 제347호(1986년 2월 8일 지정)

[유래] 고려 문종 17년(1073)에 말을 공물로 바친 기록이 있으며 몽고 침략 뒤 몽고의 목장으로 몽고마가 사육되었다. 충렬왕 2년부터는 100년 동안 수십만 두가 유입되기도 했다. 제주 재래마의 체형은 평균 암컷 117㎝, 수컷 115.2㎝이다(210두 조사). 혈청 조사에 따르면 알부민과 프레알부민에서 재래마와 개량마의 차이가 현저하며 트란스페린에서는 재래마와 교잡마의 차이가 나타났다. 따라서 재래마, 교잡마와 개량마의 상호간에는 혈청 유전학적으로 유전적 차이가 인정된다.

교잡마는 오랜 기간 재래마와 누진 교배되어 재래마와 근접한 혈통을 지니고 있어 현재로서는 그의 분리가 가능하나 앞으로는 혼용될 가능성이 높다. 그러므로 농가에서 사육중인 순종 제주마를 외모와 혈액을 기초로 선발하여 제주도 공공 기관에서 번식 기초마로 활용 보존하기 위해 최소한 4~8세의 종빈마 100두와 종모마 15두를 기초로 모두 300두 정도까지 확보하는 것이 바람직하다고 보고한 바 있다. 제주마는 어린이와 청소년용, 마사회에 의한 제주마경마, 관광마로서 승마 관광 코스, 관광마차, 한라산 등반 등 다각적 이용이 가능할 것이다.

표 2. 제주마의 털 색깔

구 분	두 수			비율(%)
	♀	♂	계	
밤색(chestnut)	66	15	81	38.6
적갈색(bay)	53	9	62	29.5
회색(gray)	39	8	47	22.4
흑색(black)	6	7	13	6.2
담황색(fallow)	3	2	5	2.4
얼룩색((piebald)	1	1	2	0.9
계	168	42	210	100.0

11) 붉은박쥐(오렌지윗수염박쥐)

- 천연기념물 제452호(2005년 3월 17일 지정)

[분포] 붉은박쥐는 우리나라 전역에 분포하지만 개체수는 아주 적다. 최근에는 자연동굴보다 주로 폐광에서 발견된다. 하지만 최근 폐광의 입구를 막으면서 서식지가 위협받고 있다.

[외형 및 특징] 외형적인 형태로는 몸길이 4.3~5.7cm, 팔길이가 4.3~5.2cm, 귀길이 1.3~1.9cm, 꼬리길이 3.6~5.6cm, 뒷발길이 0.9~1.4cm이고, 중형 박쥐에 속한다. 몸의 털, 귓바퀴, 날개의 골격부분 오렌지색을 띠며, 귀바퀴와 날개막은 검은색을 띤다. 오렌지색이 황금색처럼 보여서 '황금박쥐'라는 애칭을 가지고 있다. 1년에 1~2마리의 새끼를 낳고 0.7초에 6회 정도 날개짓을 할 수 있다. 겨울잠을 자는 기간은 보통 11월에서 다음 해 3월까지이고, 여름철에는 대나무밭, 삼림, 고목 등에서 휴식을 취한다. 야행성으로 낮에는 쉬고 밤에 활동한다. 주된 먹이는 곤충이다.

12) 경주개 동경이

- 천연기념물 제540호(2012년 11월 6일 지정)

[유래] 경주개 동경이는 「동경잡기」, 「증보문헌비고」 등 옛 문헌에 기록되어 있고, 신라 고분에서도 발굴되어 그 역사적·문화적 가치가 높다. '동경이'라는 이름은 경주의 옛 지명에서 유래되었다. 우리나라 토종개(진돗개, 삽살개, 경주개 동경이) 중에서 가장 오래된 개다.

[외형 및 특징] 일반적으로 꼬리가 없거나 짧아서 엉덩이를 흔들거나 핥는 것으로 반가움을 표현한다. 기질이 온순하고 복종심이 강하며 사냥견이나 화재경보견으로 활용되고 있다. 암컷과 수컷의 구별이 뚜렷하고, 어깨높이보다 몸길이가 다소 긴 편이다. 모색은 황구, 흑구, 호구, 백구 등이 있다. 코는 검은색이다. 귀는 앞을 향해 쫑긋하다. 근육이 잘 발달되어 있어서 피부가 느슨하지 않다.

13) 제주 흑우

• 천연기념물 제546호(2013년 7월 22일 지정)

[유래] 제주흑우는「조선왕조실록」,「탐라순력도」 등 옛 문헌에 의하면 고려시대 및 조선시대의 삼명일(임금생일, 정월초하루, 동지)에 진상품으로 정기적으로 공출된 기록이 있어 역사적·문화적으로 가치가 높다. 현재 제주지역에 남아있는 사육두수가 많지 않기 때문에 국가적 차원에서 자원을 보호할 필요성이 제기되어 왔다.

[외형 및 특징] 한우 중에서 제일 왜소한 품종으로 한반도 육지한우와 지리적으로 격리되어 왔기 때문에 왜소형으로 변화되었다. 성질이 온순하고 역우형 체형이며 육질이 양호하다. 모색은 전신 모색이 흑색이다. 사지는 짧고 가늘며 체질이 강건하기 때문에 지구력이 좋고 질병에 대해 적응력이 강하다. 비유량은 적기 때문에 포유 중에는 양질의 사료를 급여해야 한다. 체장은 짧고 이마는 넓으며 비강이 길다. 체중은 암컷의 경우 340-400㎏이고 수컷은 370-500㎏이다.

14) 제주 흑돼지

• 천연기념물 제550호(2015년 3월 17일 지정)

[유래] 제주흑돼지는「삼국지위지동위전」,「탐라지」,「성호사설」,「해동역사」등 옛 문헌에 의하면 제주도에서 길러졌다는 기록이 있어 역사적·문화적으로 가치가 높다. 또한 제주도의 생활, 민속, 의식주, 신앙 등 문화와도 연관성을 가지고 있어서 학술적으로도 가치가 높다.

[외형 및 특징] 행동이 둔한 개량형 돼지와 달리 제주흑돼지는 동작이 빠르고 사람을 잘 알아본다. 성격이 온순하며 오랫동안 제주의 풍토에 잘 적응하여 체질이 강건하고 질병 저항력이 우수하다. 전신 모색이 흑색이고, 모발은 굵고 길며 매우 빽빽하게 밀생되어있다. 귀는 작으며 접히지 않고 위로 솟아 있다. 몸통은 팽대하고 배가 처져있으며 옆구리에 주름이 있다. 코는 길고 곧으며 코끝은 흑색이고,

코 주위에 세로로 주름이 있다. 발목은 짧고 탄력이 있으며 엉덩이는 넓고 길고 꼬리는 높게 부착되어 있다. 개량형 돼지에 비해 체중이 낮고 성장이 늦다. 임신 기간은 평균 113일로 개량형 돼지에 비해 2~3일 짧고, 모돈의 포유능력이 떨어진다. 자돈의 생시체중은 개량형 돼지에 비해 낮아 조기 폐사율이 더 높다.

제9장

보호와 대책

1. 동물서식지 보호

생태계 및 동식물의 서식지 보호, 자연경관 등의 보전을 위하여 현재「자연환경보전법」,「습지보전법」,「독도 등 도서지역의 생태계보전에 관한 특별법」 등을 통해 관리하고 있다.

1.1 생태·경관보전지역

생태·경관보전지역의 지정은「자연환경보전법」에 의거

① 자연상태가 원시성을 유지하고 있거나 생물다양성이 풍부하여 보전 및 학술적 연구가치가 큰 지역

② 지형 또는 지질이 특이하여 학술적 연구 또는 자연경관의 유지를 위하여 보전이 필요한 지역

③ 다양한 생태계를 대표할 수 있는 지역 또는 생태계의 표본지역

④ 그 밖에 하천·산간계곡 등 자연경관이 수려하여 특별히 보전할 필요가 있는 지역을 지정한다.

1.2 습지보호지역

습지보호지역의 지정은 「습지보전법」에 의거

① 자연상태가 원시성을 유지하고 있거나 생물다양성이 풍부한 지역

② 희귀하거나 멸종위기에 처한 야생동·식물이 서식·도래하는 지역

③ 특이한 경관적·지형적 또는 지질학적 가치를 지닌 지역을 지정한다.

1.3 특정도서지역

특정도서의 지정은 「독도 등 도서지역의 생태계보전에 관한 특별법」에 의하여 사람이 거주하지 아니하거나 극히 제한된 지역에만 거주하는 섬(자연생태계·지형·지질·자연환경이 우수한 섬)으로서

① 화산·기생화산·계곡·하천·호소·폭포 등 경관이 뛰어난 도서

② 수자원·화석, 희귀동·식물, 멸종위기 동식물 기타 우리나라 고유의 생물종의 보존을 위하여 필요한 도서

③ 야생동물의 서식지 또는 도래지로서 보전가치가 인정된 도서

④ 자연림지역으로서 생태학적으로 중요한 도서

⑤ 지형 또는 지질이 특이하여 학술적 연구 또는 보전이 필요한 도서

⑥ 기타 생태계 보전을 위하여 환경부장관이 필요하다고 인정한 도서를 지정한다.

2. 생태계 보호

2.1 생태도시로의 지향

도시와 산업단지 등을 조성할 때에는 자연경관을 보전하고 동·식물 등이 살아갈 수 있도록 녹지, 소하천 및 연못 등의 습지를 확보하여 도시 내에서 가급적

많은 종류의 생물이 서식하여 도시 내의 생물다양성을 유지시켜야 한다.

2.2. 생태지향적 농경지, 농촌마을 조성

농촌의 공익적 기능을 위해 풍부한 자연자원 및 생태환경을 보전할 수 있도록 마을진입 도로, 농로 등은 과도한 포장을 억제하고, 야생동·식물이 서식하고 이동하는 데 필요한 녹지, 습지, 하천, 연못 등을 조성하여야 한다. 또한 농업용 배수로 등을 정비할 때에는 자연형에 가깝도록 환경친화적으로 정비하고, 농약사용을 가급적 억제하여 실개천과 논에서 서식하는 우렁이, 참게, 송사리 등 담수어류, 잠자리, 물방개 등 수서곤충이 서식할 수 있도록 하여야 한다.

2.3 자연친화적 산지 이용

산지를 개발할 때에는 산지의 경사진 지형을 그대로 유지하고 산지의 생태계 유지를 위해 수계나 임상, 동·식물의 서식공간 및 이동 통로 등을 보전하여야 한다. 특히 산간지역에 위치한 계곡은 생물의 서식공간과 맑은 물 공급원으로서 매우 중요한 기능을 담당하므로 최대한 보전하여야 한다.

2.4 하천의 정비 및 이용

하천에 댐을 건설하거나 보를 설치할 때에는 반드시 어도를 설치하여 어류의 이동통로를 확보하고 하천변은 갈대 등 수초가 서식할 수 있도록 하여 어류, 곤충류 등의 산란 및 휴식처로써의 기능을 담당할 수 있도록 하여야 한다. 강 하구는 육수와 해수가 만나는 지역으로서 육지생물과 바다생물이 동시에 서식하여 생물다양성이 대단히 풍부한 지역이므로 하구언(바다로부터 염수가 침입하는 것을 막기 위해 강과 바다의 접경에 쌓은 댐) 등의 건설은 가급적 지양하여야 한다.

2.5 연안해역의 이용

세계적으로 우수한 우리나라의 갯벌은 어머니의 태반과 같은 생물의 서식공간과 육지에서 흘러 내려온 각종 오염물질을 정화시키는 인체의 허파와 같은 기능을 하므로 연안유역의 갯벌 보전에 유의하여야 한다.

3. 야생동물의 보호와 증식

3.1 인공 증식(번식)을 통한 복원

인공 증식(번식) 사업은 동물이 지구상에서 사라져 가는 것을 방지하기 위한 하나의 방편이라 할 수 있다. 그의 주목적은 인자 은행의 설립에 있으며, 야생 상태로 복원하기 위한 장기간에 걸친 지속적인 사업이다. 지구상 조류 8,600종의 약 12분의 1(약 716종)과 포유류 4,200종의 약 6분의 1(약 700종)에 해당하는 종이 동물원에서 번식되어 왔다.

번식력 저하, 고립된 사육 집단에서 일어나는 문제, 부당한 동물 사회 및 경제적 기구 그리고 야생성의 상실 등 많은 문제점이 있겠으나 학술적인 면만이 아닌, 자연에서의 생존 불가능한 종에 대한 최후의 보류로서의 역할 등은 높이 평가 된다. 예를 들면 미국들소, 유럽들소, 사불상, 몽고조랑말, 매, 미국 흰두루미 등의 종은 성공한 사례들이다. 이러한 인공 증식(번식) 사업은 황무지와 생기를 잃은 땅을 재생시킬 수 있고, 장기간 자연종이 부재했던 곳에 종들이 충분히 갖추어진 새로운 서식지를 만들 수 있다.

3.2. 야생 조류와 인공 재식

야생 조류는 먹이, 서식지 및 기타 목적을 위해 숲이나 나무에 의존해서 살아간다. 따라서 재식(planting)의 기본 목적은 야생 조류에 대해 도움을 주기 위함에 있다.

적절한 종의 자생 교목과 관목은 야생 조류의 생존에 크게 기여할 것이며 이를 위해 그 지역에 자생하는 목본과 초본을 선택하되, 토양과 환경에 알맞은 종으로서 종과 구성의 다양성을 감안하여 인공 재식을 해주는 것이 이상적 방법이 된다.

가. 야생 조류를 위한 인공재식에 적합한 수종

참나무가 가장 좋으며 자작나무 산마가목, 은백양 등을 혼식한다(곤충이 많이 찾아들며 조류의 먹이가 되는 열매 많음). 기타 느릅나무, 오리나무, 버드나무, 포플러 등의 종은 조류에서 유리하다.

나. 나비와 나방이 많이 찾아드는 수종

① 특출한 종 : 참나무, 자작나무, 버드나무.

② 가장 좋은 종 : 서양산사나무, 산사나무.

③ 매우 좋은 종 : 사과나무, 포플러나무, 느릅나무, 오리나무.

④ 좋은 종 : 개암나무, 너도밤나무, 장미, 찔레나무, 서양물푸레나무, 서나무, 단풍나무, 참피나무, 산마가목, 가시금잔화, 병꽃나무, 인동덩굴.

다. 재식을 권장할 만한 식물종

① 쐐기풀 : 15종의 나방과 쐐기풀나비, 공작나비의 식초식물이다.

② 찔레나무 : 40종의 나비와 나방의 식초식물이며 열매는 지빠귀의 먹이가 된다.

③ 담쟁이덩굴 : 둥지 자리가 되며 나비를 유치한다. 다른 나무 열매가 없는 시

기에 열매가 생겨 새의 먹이가 된다.

④ 딱총나무 : 찌르레기류, 솔새의 먹이, 둥지 자리 및 서식지를 제공한다.

농어촌과 도시 생태계의 조화와 균형을 위해서 외딴 구석진 곳, 가파른 경사지, 모서리 땅, 경계진 곳, 안뜰, 마당, 농토와 농로 가장자리 등 쓸모없는 버려진 땅에 경제수, 조경수, 관상수나 또는 유실수 못지 않게 자연보호에 으뜸가는 수종, 즉 야생 조류의 먹이가 되는 종자식물을 많이 재식하여야 한다. 농어촌과 도시주변에서 야생 동물들은 거의 그와 같은 곳에 의존해서 살아가게 된다. 농업과 목축업에서는 쓸모없는 땅이 야생 조류에게는 한 필의 땅일지라도 충분한 가치가 있을 수 있다.

라. 우리나라의 대표적 야생 조류의 먹이가 되는 식물

① 초본 : 여뀌, 왕싱아, 쇠비름, 명아주, 계요 등, 뱀딸기, 기장, 수크령, 강아지풀.

② 목본 : 꽝꽝나무, 주목, 산초나무, 사철나무, 댕댕이덩굴, 까마귀밥나무, 멀구슬나무, 노간주나무, 벚나무, 쥐똥나무, 화살나무, 작살나무, 개머루, 청가시덩굴, 팥배나무, 아카시아나무.

4. 천연기념물 지정 및 보호

문화재보호법에 의거 학술 및 관상학적인 가치가 높은 동물을 국가지정문화재 천염기념물로 지정할 수 있다. 국가지정문화재 천연기념물 동물 목록은 표 1과 같다.

4.1 동물 천연기념물

- 포유류(14건) : 하늘다람쥐, 진돗개, 울산 쇠고래(극경) 회유해면, 사향노루, 산양, 곰(반달가슴곰), 수달, 물범, 제주의 제주마, 삽살개, 붉은박쥐, 경주개 동경이, 제주 흑우, 제주 흑돼지
- 조류(48건) : 도래 서식지, 가금류 및 조류 48건
- 어류(9건) : 무태장어, 어름치 2종과 열목어 서식지 2개소, 황쏘가리 1종, 무태장어 서식지1개소, 어름치 서식지 1개소 등.
- 곤충류(3건) : 장수하늘소, 비단벌레, 무주 반딧불과 그 먹이(다슬기) 서식지

표 1. 국가 지정 문화재 천연기념물 목록

(1) 포유류

번호	지정 번호	명 칭	소 재 지	면 적 (개체수)	지 정 일
1	53	진도의 진돗개	전라남도 진도군 진도읍 및 진도 본도	-	1962. 12. 3.
2	126	울산 쇠고래	(극경)회유해면, 강원도, 경상남북도 해안 일원	-	1962. 12. 3.
3	216	사향노루	전국일원	-	1968. 11. 20.
4	217	산양	전국일원	-	1968. 11. 20.
5	328	하늘다람쥐	전국일원	-	1982. 11. 4.
6	329	곰(반달가슴곰)	전국일원	-	1982. 11. 4.
7	330	수달	전국일원	-	1982. 11. 4.
8	331	물범	동해, 서해, 남해 일원	-	1982. 11. 4.
9	347	제주의 제주마	제주도 제주시 노형동, 봉개동, 용강동	990,232㎡	1968. 2. 8.
10	368	경산의 삽살개	경상북도 경산	-	1992. 3. 7.
11	452	붉은박쥐(오렌지윗수염박쥐)	전국	-	2005. 3. 17.
12	540	경주개 동경이	경상북도 경주시		2012. 11. 6.
13	546	제주 흑우	제주특별자치도 제주시		2013. 7. 22.
14	550	제주 흑돼지	제주특별자치도 제주시		2015. 3. 17.

(2) 조류

번호	지정번호	명 칭	소 재 지	면적(개체수)	지정일
1	11	광릉 크낙새 서식지	경기도 남양주군 진접면 부평리 산99의 1외 3필	756,000평	1962. 12. 3.
2	13	진천노(왜가리) 번식지	충청북도 진천군 이월면 노원리 960 외1필	751평	1962. 12. 3.
3	101	진도의 백조(고니) 도래지	전라남도 진도군 진도면 수유리, 군내면 덕병리 해안 일대 및 둔전 저수지(469,395㎡)	해안 일원	1962. 12. 3. 1990. 4. 22. (추가지정)
4	179	낙동강 하류 철새	경상남도 김해군과 부산시	241,778,658㎡	1966. 7. 13.
5	197	크낙새	전국	-	1968. 5. 30.
6	198	따오기	전국	-	1968. 5. 30.
7	199	황새	전국	-	1968. 5. 30.
8	200	먹황새	전국	-	1968. 5. 30.
9	201	백조(고니, 큰고니, 혹고니)	전국	-	1968. 5. 30.
10	202	두루미	전국	-	1968. 5. 30.
11	203	재두루미	전국	-	1968. 5. 30.
12	204	팔색조	전국	-	1968. 5. 30.
13	205	저어새 및 노랑부리	전국	-	1968. 5. 30.
14	206	느시(너화 또는 들칠면조)	전국	-	1968. 5. 30.
15	209	여주 신접리의 백로 및 왜가리 번식지	경기도 여주군 북내면 신접리 285	1,951평	1968. 7. 18.
16	211	무안 용월리의 백로 및 왜가리 번식지	전라남도 무안군 무안면 용월리 307의 1	10,394평	1968. 7. 18.
17	215	흑비둘기	전국	-	1968. 11. 20.
18	227	거제도 연안의 아비 도래지	경상남도 거제도 연안 일원	거제군 연안	1970. 10. 30.
19	228	흑두루미	전국	-	1970.10. 30.
20	229	영양 포매리의 백로 및 왜가리 번식지	강원도 양양군 현남면 포매리 122의 3	4,700평	1970. 11. 5.

번호	지정 번호	명 칭	소 재 지	면적 (개체수)	지정일
21	231	통영 도선리의 백로 및 왜가리 번식지	3,090평	3,090평	1970. 11. 5.
22	233	거제 학동의 동백림 및 팔색조 번식지	1,145평	1,145평	1971. 9. 13.
23	237	울릉도 사동의 흑비둘기 서식지	2,375평	2,375평	1971. 12. 14.
24	242	까막 딱따구리	-	-	1973. 4. 12.
25	243	수리류(독수리, 참수리, 검독수리, 흰꼬리수리)	-	-	1973. 4. 12.
26	245	철원 천통리 철새 도래지	12만평	12만평	1973. 7. 10.
27	248	횡성 압곡리의 백로 및 왜가리 번식지	7,000평	7,000평	1973. 10. 1.
28	250	한강 하류의 재두루미 도래지	경기도 파주군 교하면 일부(신촌리, 문발리, 서비리, 산남리에 연접된 한강변의 충적·퇴적 지역)	3,816,890㎡	1975. 2. 21.
29	265	연산 화악리의 오골계	충청남도 논산군 연산면 화악리	500마리	1980. 4. 1.
30	323	매류(참매, 붉은배새매, 새매, 개구리매류, 황조롱이, 매)	전국	-	1982. 11. 4.
31	324	올빼미, 부엉이류(올빼미, 수리부엉이, 솔부엉이, 칡부엉이, 쇠부엉이, 소쩍새, 큰소쩍새)	전국	-	1982. 11. 4.
32	325	기러기류 (개리, 흑기러기)	전국	-	1982. 11. 4.
33	326	검은머리물떼새	전국	-	1982. 11. 4.
34	327	원앙	전국	-	1982. 11. 4.
35	332	칠발도 해조류(바다제비, 슴새, 칼새)번식지	전라남도 신안군 칠발도 일원	36,993㎡	1982. 11. 4.

번호	지정번호	명칭	소재지	면적(개체수)	지정일
36	333	사수도 해조류 (흑비둘기, 슴새)번식지	제주도 북제주군 사수도 일원	69,223㎡	1982. 11. 4.
37	334	난도 괭이 갈매기 번식지	충청남도 서산 난도 일원	47,603㎡	1982. 11. 4.
38	335	홍도 괭이 갈매기 번식지	경상남도 통영군 홍도 일원	98,380㎡	1982. 11. 4.
39	336	독도 해조류 (바다제비, 슴새, 괭이 갈매기)번식지	경상북도 울릉군 독도 일원	178,781㎡	1982. 11. 4.
40	341	구굴도 해조류(뿔쇠오리, 슴새, 바다제비) 번식지	전라남도 신안군 흑산면 가거도리 산 2번지 및 3번지	26,380㎡ 2번지 대구굴도 3번지 대구굴도	1984. 8. 10.
41	360	신도 노랑부리 백로 및 괭이 갈매기 번식지	경기도 옹진군 북도면 장봉리 신도 전역	5,945㎡	1988. 8. 23.
42	361	노랑부리백로	전국	-	1988. 8. 23.
43	446	뜸부기	전국		2005. 3. 17.
44	447	두견	전국		2005. 3. 17.
45	448	호사비오리	전국		2005. 3. 17.
46	449	호사도요	전국		2005. 3. 17.
47	450	뿔쇠오리	전국		2005. 3. 17.
48	451	검은목두루미	전국		2005. 3. 17.

(3) 곤충류

번호	지정번호	명칭	소재지	면적(개체수)	지정일
1	218	장수하늘소	전국일원	-	1968. 11. 20.
2	322	무주 설천면 일원의 반딧불이와 그 먹이(다슬기) 서식지	전라북도 무주군 설천면 일원	239,783㎡	1982. 11. 4.
3	496	비단벌레	전국일원		2008. 10. 8.

(4) 어류

번호	지정 번호	명 칭	소 재 지	면 적 (개체수)	지 정 일
1	27	제주도 무태장어 서식지	제주도 서귀포시 서홍동 천지연폭포	-	1962. 12. 3.
2	73	정암사의 열목어 서식지	강원도 정선군 고한읍 고한리 산 213	16,554,223㎡	1962. 12. 3.
3	74	봉화 석포면의 열목어 서식지	경상북도 봉화군 석포면 대현리 산 213	24,228,433㎡	1962. 12. 3.
4	190	한강의 황쏘가리	한강일원	-	1967. 7. 11.
5	238	금강의 어름치	충청북도 옥천군 이원면에서부터 금강상류	-	1972. 5. 1.
6	258	무태장어	전국일원	-	1978. 8. 18.
7	259	어름치	전국일원	-	1978. 8. 18.
8	454	미호종개	전국일원		2005. 3. 17.
9	455	꼬치동자개	전국일원		2005. 3. 17.

5. 환경영향평가제도

5.1 정의

환경영향평가대상사업의 사업계획을 수립함에 있어 당해사업의 시행으로 인하여 환경에 미치는 해로운 영향(환경영향)을 미리 예측·분석하여 환경영향을 줄일 수 있는 방안(환경영향저감방안)을 강구하는 것을 제도화한 것을 의미한다. 이러한 환경오염 사전예방제도는 쾌적한 환경을 유지·조성함을 그 목적으로 한다.

5.2 환경영향평가제도의 기여효과

가. 환경보전에 대한 사회적 관심의 제고

환경영향평가과정에서 주민의견수렴 등을 통하여 사업시행에 따른 사회적 합의를 사전에 도출하는 한편 환경보전에 대한 국민의식 제고함

나. 환경관련 제도의 개선

환경영향평가 협의과정에서 도출된 협의내용이 각종 환경관련 법령에 반영함

다. 환경영향 저감 방안의 강구

환경기준 유지를 위하여 환경기초시설 등 환경관련 투자를 유도하고, 동물이동통로, 녹지확보 등 생태계에 미치는 영향을 최소화하기 위한 수단의 강구, 무분별한 개발로 인한 환경훼손을 억제함

6. 생태계변화관찰제도

6.1 의의

생물다양성이 풍부한 지역, 멸종위기 야생동·식물 등의 서식지, 도래지, 기타 자연환경의 보전가치가 높은 지역을 생태계변화 관찰지역으로 지정하여 지속적인 생태계의 변화를 관찰하고 연도별 비교·분석을 통해 필요한 조치를 강구하여 우수한 생태지역의 효율적인 관리 도모하는 데 의미를 두고 있다.

6.2 관찰지역 선정 기준

「자연환경보전법」에 따라 다음 지역을 우선적으로 관찰지역으로 선정함

① 생물다양성이 풍부하거나 자연환경 보전가치 높아 변화관찰의 필요성이 높은 지역

② 산불·유류오염 등 재해로 인해 지속적인 변화관찰이 필요한 지역

③ 멸종위기 및 희귀 야생동·식물 서식지

④ 생태적으로 중요성이 새롭게 나타나는 지역

제10장

동물의 권리와 복지

동물을 대하는 인간의 태도는 시대의 흐름에 따라 변해 왔다. 동물들은 인간의 필요에 의해 존재하는 것으로 여겨지는 때도 있었던 반면, 1970년대 이후에는 동물들은 인간이 이용하기 위해서 존재하는 것이 아니라는 동물의 권리 (animal rights)에 대한 입장을 얘기한다. 그러나 여전히 일부 동물들은 인간의 욕구를 충족시키기 위해 이용되면서 그들의 삶의 질, 혹은 수명까지 때때로 인간의 의도에 의해 결정된다.

본 장에서는 특히 농장동물, 반려동물, 실험용 동물들의 현실과 복지 문제를 짚어보고, 그들의 생명 존중과 삶의 질 향상을 위한 우리의 도덕적 의무에 대해 살펴본다.

1. 농장동물의 생산성과 복지

현대 축산업은 가족경영의 소규모 농장에서 기업형태의 대규모 농장으로 변화하면서 생산성 향상을 최우선 목적으로 하고 있다. 이런 산업구조에서 병아리는 자신들의 부모를 만나는 일은 없고, 같은 날 부화한 수 천마리의 병아리들과 함께 지낸다. 이들은 생물학적 부모뿐만 아니라 자식들도 평생 볼 수 없다. 알을 낳으면 '생물학적 자동화(Biologically smart)' 시스템인 인공부화기를 이용해 부화기 내의 산소와 이산화탄소 농도를 단계별로 조절하여 부화 과정을 진행한다. 현대

그림 1. 모돈의 임신사 스톨(왼쪽)과 분만틀(오른쪽). 집약적 관행 축산업에서 모돈은 임신기간(약 115일) 동안 스톨에서, 그리고 분만과 포유기간(약 4주) 동안은 분만틀에서 지낸다. 4주가 지나면 강제로 젖을 떼고, 다시 스톨로 옮겨져 임신 과정을 반복한다.

양돈에서 모돈들은 임신기간 중에는 임신스톨, 분만 후 포유하는 기간에는 분만틀에 온종일 갇혀 지낸다. 이는 모돈의 체중 관리와 다른 모돈들 간의 투쟁을 방지하고, 새끼가 모돈의 육중한 체구에 깔리는 것으로부터 보호한다는 명목이다. 그러나 이러한 틀에서 모돈이 할 수 있는 행동은 일어서기, 앉기, 엎드리기, 눕기 뿐이다.

1.1 농장동물의 현실

축산업을 접해 보지 않은 사람들은 이러한 현대식 산업 형태를 보는 것이 불편할 수 있다. 이들 중 대부분은 현대식 축산 농장을 경험해 볼 기회가 없었기 때문에 대개 자신들의 어린 시절 동화책이나 영화를 통해 접했던 전통적인 동물농장을 상상하기도 한다. 그곳에는 말, 소, 돼지, 닭, 염소 등 다양한 농장동물들이 한데 어우러져 살고 있고, 농장 주인은 먹을 것과 주거 공간을 제공하고, 야생의 천적으로부터 농장동물들을 지켜주는 역할을 한다. 이렇게 묘사된 농장과는 여러 방면에서 사뭇 다른 현대식 축산의 생산공정은 이들에게 큰 충격을 안겨 주었다. 농장동물의 권리와 복지가 대중에게 관심을 받기 시작한 것도 1964년 루스 해리

슨(Ruth Harrison)의 저서'공장식 축산(Animal Machines)'을 통해 이러한 집약적 축산업이 세상에 알려지기 시작하면서부터이다.

축산업에 종사하지 않은 사람들은 자신들의 식탁에 오르는 고기의 생산공정에 대해 알고 난 후, 대부분 농장동물들의 현실을 용납하기 어렵다는 반응을 보인다. 한편으로는 이러한 집약적 축산이 문명화된 사회에서 윤리적으로 용인될 수 있는 것인지 의문을 제기하기도 한다. 반면에 농부들과 축산업 관계자들은 이러한 반응이 순진하고 불합리한 것이라고 토로한다. 과거의 생산방식으로는 현재 사람들의 보편적 육류 소비를 충당하는 것이 불가능하다는 것이다. 더군다나 현대식 축산에서 농장동물들은 주거환경이나 영양공급 면에서 재래식 축산보다 훨씬 더 향상된 조건을 제공받고 있기 때문에 지금의 농장동물들이 더 좋은 삶을 살고 있다는 것이 이들의 주장이다.

실제로 현대 축산업에서 농장동물들은 온도, 습도, 환기 조절이 최적화된 시설에서 영양소 함량이 골고루 배합된 사료를 급여 받는다. 또한 전염성 질병 및 천적의 위협으로부터 더 안전할 수 있다. 그러나 반면에 규모화된 생산시설에서 동물들은 가족 단위가 아닌 비슷한 연령과 동일한 성별로 분류된다. 또한 본능적인 행동이나 습성을 표현하는 것에 더욱 많은 제약을 받는다. 이런 부정적인 요소들은 동물들에게 스트레스를 유발하는 요인으로 밝혀지고 있다. 이로 인해 체내에서는 스트레스 관련된 호르몬들의 분비가 증가하고, 이 호르몬들은 대사작용을 억제하고 면역체계를 손상해 동물들은 성장이 지연되고 질병으로부터 취약하게 된다. 그래서 농장동물을 이용해 이윤을 추구하는 생산자는 생산성을 유지하기 위해 항생제와 같은 동물약품이나 합성첨가제 사용에 보다 더 의존한다. 결국 이러한 과정은 동물뿐만 아니라, 소비자, 생산자 모두에게 악영향을 끼치게 된다.

1.2 농장동물의 복지

앞서 존 웹스터(John Webster)는 농장동물들이 집약적 생산시설에서 좁고 열악한 사육환경에 노출되면서 발생할 수 있는 스트레스 요인들을 파악하고, 이러한 요소들로부터 동물들을 자유롭게 해야 한다는 개념으로 농장동물의 5대 자유(Five Freedoms)와 이를 해소하기 위한 공급 조항(Provisions)을 제안했다 (표 1).

표 1. 농장동물의 5대 자유와 공급 조항1

5대 자유	공급 조항
배고픔, 갈증, 영양불균형으로부터의 자유	언제든 마실 수 있는 신선한 물과, 강건함을 유지할 수 있는 사료 제공
불편함으로부터의 자유	편안하게 쉬고 보호받을 수 있는 적절한 환경 제공
고통, 상처, 질병으로부터의 자유	예방 혹은 신속한 진단 및 치료 제공
불안, 스트레스로부터의 자유	정신적 고통을 피할 수 있는 환경 제공
정상적인 습성에 따른 행동을 표현할 자유	충분한 공간과 설비, 동종의 동료 제공

1979년 영국 농장동물 복지 의회 (FAWC)에서 존 웹스터(John Webster)는 처음으로 5대 자유(Five freedoms)를 발표했고, 1993년 5대 자유 항목에 따른 공급 조항을 함께 발표했다. 이것은 농장동물의 복지를 개선하기 위한 최초의 공식적인 제안으로 널리 알려져 있다.

그러나 보다 최근에는 5대 자유에서 언급된 스트레스 요인들은 우리 사회에서 더는 존재해서는 안 되는 것들로 여겨지는 추세이다. 이런 기본적인 항목들을 공급하는 것이 실제로 동물에게 좋은 삶을 의미하는 것이 될 수 없고, 따라서 이것만을 두고 동물복지를 논할 수 없다는 주장이 보편적으로 받아들여지고 있다. 그보다 동물복지는 동물이 실제 어떻게 경험하고 있는지, 즉 현재 상태(state)를 가지고 논해야 한다는 것이다. 그래서 동물들이 현재 배고픔, 불편함, 고통, 감금,

불안함 등과 같은 부정적인 감정을 경험하고 있는 상태라면 복지가 나쁜 것이고, 반대로 포만감, 안락함, 재미, 호기심, 동료와 어울림 등과 같은 긍정적인 감정을 더 많이 경험하고 있다면 좋은 복지라고 할 수 있다.(그림 2 참조)

그림 2. 동물복지형 양돈농장의 분만사. 모돈은 분만하기 직전에 앞발과 코를 이용해 땅을 파고 입으로 지푸라기들을 모아 둥지를 만드는 본능적인 nest-building 행동을 할 수 있다. 분만 후에는 새끼들과의 교감행동을 통해 스트레스를 줄일 수 있고, 새끼들은 엄마의 체취가 묻어 있는 환경에서 안락함을 느끼고 주변 물질들을 이용해 탐색, 놀이 등 긍정적인 경험을 더 많이 할 수 있다.

이와 같이 농장동물의 복지 수준을 이해하기 위해서는 이러한 요소들을 평가할 수 있는 행동학 및 생리학적 연구가 밑바탕이 된다. 최근 동물복지 연구도 이처럼 농장동물의 삶에 실제 긍정적인 개념으로 기인할 수 있는 요소들로 복지상태를 향상하는 것에 보다 집중되고 있다. 동물복지 연구는 또한 생산자와 소비자의 동물복지에 대한 견해 차이를 줄여 결국 축산업의 지속가능한 발전에 기여하는 중요한 역할을 할 수 있다.

2. 반려동물의 현실과 복지

반려동물을 기르는 사람은 그 자체가 동물을 이용하는 또 하나의 수단이라고 하면 못마땅해 할 것이다. 반려동물을 가족 혹은 친구 간의 관계라고 여기기 때문이다. 그러나 반려동물의 삶의 질 향상과 잠재적 복지 문제를 해소하기 위해서는, 인간과 인간 간의 관계와 인간과 동물 간의 관계에 존재하는 분명한 차이를 인정하고 이해하는 것이 필요하다.

2.1 인간과 반려동물의 관계

인간은 반려동물과 함께 생활하면서 정신적, 감정적 위안을 얻는다. 인간과 반려동물 사이의 관계를 시작하는 것과 그 관계를 유지하는 것은 기본적으로 인간에 의해 결정된다. 또한 반려동물의 의(衣), 식(食), 주(住)부터 본능적인 행동, 번식 등을 포함한 전반적인 삶도 인간의 의도대로 좌지우지된다. 마지막으로 반려동물을 입양 보내거나, 보호소에 맡기거나, 혹은 안락사 등의 수단을 이용해 이 관계를 끝내는 것도 결국 인간의 의도로 결정된다. 이런 점을 고려하면 반려동물을 소유하는 것은 분명 동물을 이용하는 하나의 형태라고 할 수 있다.

2.2 반려동물의 잠재적 복지 문제

인간과 반려동물의 관계에서 보듯이, 주인은 자신이 소유한 반려동물의 복지에 매우 중요한 역할을 한다. 대부분은 반려동물을 소중히 여기고 좋은 삶을 살게 해주기 위해 최선을 다한다. 그러나 이것이 반려동물의 잠재적 복지 문제를 해소할 거라고 보장할 수 없다. 실제로 우리 사회에서 반려동물의 복지 문제는 주인의 도덕적 결함보다는, 반려동물의 습성을 제대로 이해하지 못한 것에서 비롯되는 경우가 많다.

가. 친밀한 관계에서 비롯된 복지 문제

이것은 반려동물이 인간의 생활에 너무 깊숙이 들어 온 것에서 비롯된 문제라고 할 수 있다. 반려동물과 주인은 같은 공간을 공유하면서 생활 방식도 서로 비슷해진다. 대부분 인간의 생활 반경 내에서 지내는 반려동물의 활동량은 자연 습성의 기량대로라면 턱없이 부족하다. 먹이는 야생에서만큼 많은 노력과 에너지를 쓰지 않아도 비교적 쉽게 주인으로부터 얻을 수 있다. 이러한 먹이는 반려동물의 소화, 흡수 능력에 맞춰 잘 배합된 사료이기도 하지만, 때로는 인간이 먹는 음식을 공유하거나 종종 추가로 더 섭취하기도 한다. 그런데 문제는 대부분의 경우 반려동물에게 과영양으로 이어진다는 것이다. 그 결과, 줄어든 활동량에 비해 비대해진 영양소 섭취량은 비만을 불러오고, 실제로 많은 반려동물들이 이러한 비만으로 야기된 당뇨병으로 고통받고 있다.

이 문제는 주인과 반려동물 사이의 관계가 더 친밀해질수록 더욱 심각해질 수 있다. 문제가 개선되려면 주인은 반려동물의 자연 습성을 이해하고 존중해 주는 것이 필요하고, 나아가 그들의 자연 습성을 고려한 생활을 장려할 수 있도록 필요한 조건들을 제공해 줘야 한다.

그림 3. 반려동물은 인간의 생활 방식에 길들면서 활동량은 감소하고 영양은 과다 섭취하게 되는 경향이 있다.

그러나 안타깝게도 많은 반려동물 주인은 친밀한 관계를 유지하는 것에 더 치중하고, 이 문제의 심각성은 알아차리지 못하거나 대수롭지 않게 여기고 있다.

나. 신체 훼손과 복지 문제

건강한 동물의 신체를 훼손하는 것은 여러 방면에서 심각한 복지 문제를 초래한다는 것에는 대부분 동의한다. 그런데도 반려동물 중 일부는 미용, 위생, 잠재적 질병 예방, 혹은 단순 편의성 등을 이유로 건강한 신체 조직이 외과적으로 제거되는 경우가 심심치 않게 일어나고 있다. 흥미로운 점은 이러한 반려동물의 신체 훼손에 대한 허용 기준이 국가별로 상이하다는 것이다. 어떤 국가는 귀 다듬기, 성대 제거, 발톱 깎기 같은 시술을 동물학대로 규정하고 법적으로 금지하는 곳도 있는가 하면, 거세와 불임 수술을 아무런 제재 없이 통상적으로 시술하는 것이 허용되는 국가도 있다. 우리나라도 반려견의 꼬리자르기는 목적이 무엇이든간에 불법이 아니다. 다만 외과적 수술 시 자격을 갖춘 사람이 규정된 절차대로 진행해야 한다는 조항이 동물보호법에 규정돼 있다. 이는 조직을 절개하는 시술 과정이 고통을 동반하기 때문이다.

이러한 조치들을 허용하는 국가에서는 시술이 동물들의 잠재적 스트레스를 예방하는데 효과적인 방안이라고 주장한다. 예를 들면, 꼬리자르기는 잠재적 상해로 인한 고통 및 스트레스를 방지할 수 있고, 거세는 불필요한 번식 스트레스를 줄여준다는 것이다. 그러나 외과적 시술로 신체 일부가 훼손된 반려동물은 조직을 절개하는 과정에서도 고통을 느끼지만, 절개된 조직에서 염증 반응 과정 및 외상 후 정신적 트라우마 등 만성으로 고통을 받을 수 있다. 더욱이 무엇보다 동물의 온전함(integrity)을 훼손하여 자연 습성을 방해하는 것은 명백히 동물의 복지 수준을 떨어뜨리는 행위이다.

다. 행동학적 복지 문제

반려동물의 본능에 따른 행동은 정상적(normal)인 행동이라고 할 수 있다. 그러나 이러한 행동 중에는 반려동물과 생활 공간을 공유하는 주인이 기피하는 행동이 있다. 대표적인 예로 자신의 배설물로 영역표시 하는 행동이다. 이러한 행동 표현 자체가 반려동물에게 직접적으로 문제를 일으키지는 않는다. 그러나 주인이 이 행동에 대해 화를 내거나 어떤 방식으로든 불만스러운 표현을 나타내면 상황은 달라진다. 반려동물들은 본능에 따른 행동을 표현하는 것에 부정적인 감정을 느끼게 되고, 이것이 반복되면 반려동물의 본능적인 습성은 개조될 수 있다. 이것은 본능에 따른 정상적인 행동 표현을 억압해 자연 습성을 방해하는 것으로서 반려동물의 복지 수준을 떨어뜨리는 것이다. 그런데도 우리는 주인이 반려동물의 이러한 본능적 습성을 억누르기 위해 행동치료를 하거나 심한 경우 외과적 거세를 하는 것을 주변에서 심심치 않게 볼 수 있다.

반려동물의 복지 문제를 암시하는 것은 비정상적인 행동에서 더욱 두드러진다. 반려동물은 자연적 습성을 표현하는 것에 방해받거나, 따분하고 지루한 환경, 기

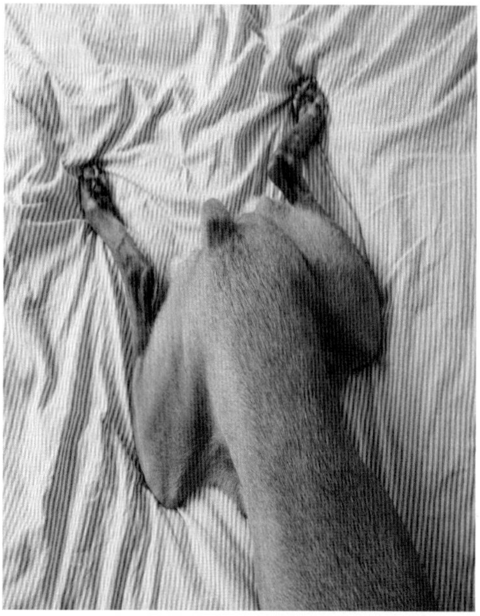

그림 4. 꼬리를 자른 반려견. 과거에 목축업에 이용되던 개들은 가축들에게 꼬리가 밟혀 상해를 입지 않게 하려고, 혹은 사냥용 개들은 맹수와 싸울 때 공격받기 쉬운 부분들이라 꼬리자르기를 시행했다. 반면에 현대 반려견들은 대부분 미용과 위생 목적으로 꼬리를 자른다.

타 불만족스러운 환경에 대한 불만의 표시로 비정상적인 행동을 보인다. 반려견이 가구를 물어뜯거나, 제자리를 선회하며 맴돌거나, 이유 없이 짖는 행동은 집에 홀로 남겨진 반려견에서 종종 볼 수 있는 대표적인 비정상적 행동의 예로 볼 수 있다. 보통 이러한 문제는 반려동물이 필요로 하는 환경을 주인이 알아채지 못해서 발생한다. 그러나 안타깝게도 주인 대부분은 오히려 반려동물들의 이러한 비정상적인 행동을 용납하지 못하는 경우가 더 많다. 주인은 많은 시간과 비용, 노력을 들여 해결하려고 하는데도, 현실은 많은 반려동물들이 이것 때문에 보호소로 가거나 안락사로 생을 마감하고 있다.

라. 육종과 복지 문제

반려동물 중에는 특정 목적에 부합할 수 있는 품종을 얻기 위해 유전형질이 육종(breeding)을 통해 인위적으로 조절된 품종들이 있다. 특색있는 반려동물에 대한 선호도가 증가하면서, 육종을 통해 자손들이 특정 형질(대부분 건강 면에서 장애로 볼 수 있는 형질)이 발달되어 태어나게 하는 것이다. 건강면에서 문제로 짚어볼 수 있는 짧은 코, 평평한 얼굴, 깊은 피부 주름 등 이러한 특징을 가진 반려동물 품종이 그 예이다 (그림 5).

그림 5. 특색있는 유전형질을 발달시켜 탄생한 품종.

심지어 육종을 통해 특정 신체 일부가 불구가 될 수 있는 유전형질을 발달시킨 품종도 있다. 반려견 중 꼬리가 짧거나, 아예 절단된 것처럼 보이는 품종이 그 예이다.

이와 같은 육종과 관련된 복지 문제도 마찬가지로 인간과 동물의 관계에서 비롯된 것이기 때문에 해결하기가 쉽지 않다. 인간의 선호도가 없었다면 이러한 품종의 동물들은 아마도 존재하지 않았을 것이다.

이처럼 반려동물의 복지 문제는 인간과 반려동물 사이 관계의 특성 때문에 문제의 실체가 잘 드러나지 않거나, 문제의 본질이 제대로 파악되지 않는다. 그러나 반려동물의 복지 문제를 해소하기 위해서는 무엇보다 이러한 관계가 동물의 온전함을 훼손하고 복지를 위태롭게 할 수 있다는 것을 인지하는 노력이 필요하다.

3. 실험동물의 복지

전 세계에서 해마다 1~2억 마리의 동물들이 실험용으로 이용되고 있는 것으로 추정된다. 실험동물들은 대개 인간에게 발생하는 질병을 예방, 완화, 치료하기 위한 연구에 이용되기도 하고, 일부는 농장동물의 생산성을 향상하기 위한 목적, 혹은 인간을 위해 만들어진 새로운 제품을 테스트하기 위한 목적으로 이용되고 있다.

그러나, 실험에 이용되는 동물들은 실험과정 중 스트레스와 통증을 겪어야 하는 경우가 많다. 또한 실험 전에도 살아있는 동안 대부분은 좁은 케이지에 갇혀 지내고, 실험이 끝나면 죽음으로 삶을 마감한다. 무엇보다 안타까운 점은 이러한 실험용 동물들 대다수가 신경계통과 지각 능력이 매우 잘 발달 된 척추동물이라는 것이다.

3.1 동물실험에 대한 윤리적 견해

실험동물들은 물론 연구에 참여하겠다고 동의한 적도 없거니와, 연구 참여에 대한 보상도 받을 수 없다. 그렇다면 인간의 이익을 추구하기 위해 우리가 동물실험을 시행하는 것이 도덕적으로 정당화될 수 있을까? 이 물음에 다음 세 가지 동물 윤리학 이론을 가지고 살펴본다.

가. 계약론적 (contractarianism) 견해

사실 인간과 동물은 현실적인 차이가 있으므로 동등한 입장에서 공평한 계약을 맺는 데 한계가 있다. 그래서 계약론적 견해로 보면 동물실험 자체에서 문제는 잘 드러나지 않는다. 실험용 동물들은 인간의 질병으로 인한 고통을 덜기 위해 가상적 계약을 맺고 태어난 것으로 여길 수 있기 때문이다.

계약론적 입장에서는 합의를 통해 도덕적 요구 사항을 결정할 수 있다. 그래서 인간은 동물실험을 기반으로 한 연구를 통해 이익을 얻도록 가상의 합의가 이뤄진 것이라 동물을 다루는 과정에서 통증과 스트레스를 유발하는 것이 논란거리가 되지 않는다. 이 관점에서 윤리적 문제는 사회가 이러한 과정에 대해 혐오감을 느끼거나 불편한 감정을 갖게 될 때 나타난다. 예를 들어, 사회가 생쥐보다 고양이를 더 좋아한다면 생쥐가 실험에 이용되어 겪는 고통을 고양이가 똑같이 겪는 것을 불편해할 수 있다. 따라서 생쥐가 실험에 이용될 때 문제가 덜하지만, 고양이가 같은 경험을 겪는 것은 합의가 허용되지 않기 때문에 더 큰 문제로 볼 수 있다.

그래서 실험용 동물의 복지를 향상하기 위해서는 보편타당하고 공정한 조건을 바탕으로 합의의 공정성이 확보되는 것이 중요하다. 또한 실험용 동물을 다루는 방식 자체가 큰 의미가 없기 때문에, 이들의 복지는 실험을 진행하는 인간의 감정과 신념에 달려 있다. 반면에 계약론적 접근은 동물실험을 기반으로 하는 연구에서 사회적 이슈나 대중이 우려하는 실험을 피할 수 있고, 연구의 잠재적 이익을 더 높일 수 있다는 것이 장점으로 작용할 수 있다.

나. 공리주의(Utilitarianism)

공리주의는 최선의 행위를 전제로 하기 때문에 사회를 발전시키는 데 중요한 역할을 한다. 인간의 삶을 더 풍요롭게 하는 것이 있다면 그것은 시행돼야 하는 것이다. 따라서 동물실험으로부터 얻을 수 있는 공공의 이익이 실험에 이용된 동물의 가치보다 높다면 동물실험은 공리주의 입장에서 정당화될 수 있다.

동물실험에 대한 윤리적 논쟁에서 공리주의 입장을 가장 잘 대변하는 것은 3R 원칙이다. 3R 원칙에서 연구자는 실험동물을 대체(Replace) 할 수 있는 것, 사용된 실험동물의 수를 줄이는(Reduce) 것, 동물의 고통을 줄일 수 있는 정제(Refine)된 방법을 이용하는 것이 요구된다. 그래서 실험동물이 대체 불가능하고, 그들의 고통을 줄이기 위해 최선을 다했다면, 동물실험은 허용될 수 있다.

공리주의에서 핵심 논점은 인간의 이익을 추구하는 것이 동물의 고통을 감수할만한 가치가 있는 것인지이다. 그러나 동물실험은 인간뿐만 아니라 동물에게도 분명히 혜택을 줄 수 있다. 한 예로, 현재 반려묘들이 백혈병 백신으로부터 혜택을 받을 수 있었던 것은 앞서 다른 고양이들을 이용한 실험이 있었기에 가능한 것이다. 뿐만 아니라 현재 우리가 수의학에 대한 수많은 정보와 이해를 얻을 수 있었던 것도 이러한 동물실험을 통해서이다.

다. 동물 권리 (Animal Right)

공리주의는 인간과 동물이 얻는 이익과 실험동물에 대한 피해의 균형을 맞추는 것으로 동물실험이 정당화된다. 동물 권리를 옹호하는 입장에서는 정확히 이 부분을 가장 부정한다. 동물 권리 견해로 보면 누군가의 목표를 추구하기 위해 지각이 있는 생물을 도구로 혹은 수단으로 사용하는 것은 결코 용납되지 않는다. 보다 급진적인 관점으로 보면, 어떠한 혜택이 있더라도 인간이든 동물이든 개인의 권리를 훼손하는 것은 정당화될 수 없다. 동물실험은 특정한 목적을 위해 동물을 단순히 수단, 혹은 도구로 취급하는 것으로 볼 수 있다. 따라서 그 실험이 동물에게 주는 피해가 매우 미미할지라도, 혹은 인류에게 매우 의미 있는 이익을 주더라도 동물을 이용한 실험은 동물 권리 견해에서 받아들일 수 없다.

이러한 동물 권리 견해에서 동물실험의 윤리적 당위성을 성립하는 것이 가능하기 위해서는 그 실험이 동물의 권리를 존중하고 그들의 존엄성을 보존하기 위한 목적이어야만 한다. 동물의 기본적인 권리는 삶, 혹은 보다 정확하게는 죽임을 당하지 않을 권리이다. 마찬가지로 모든 동물은 고통으로부터 해방될 권리, 혹은 보호받을 권리를 갖는다. 그런데 동물이 질병으로 인해 고통과 스트레스를 겪고 있고 이것을 스스로 제어할 수 없다면, 이것으로부터 벗어날 수 있는 권리를 보호받기 위한 동물실험은 허용될 수 있는 것이다.

3.2 실험동물의 복지

실험동물의 복지는 앞서 살펴보았던 3R 원칙 중 정제(Refinement)와 밀접하게 연관되어 있다. 실험 진행 중 부적절한 핸들링은 복지를 위태롭게 하는 가장 큰 원인으로 잘 알려져 있다. 마취제나 진통제 투여, 실험 대기 중에 지내는 케이지의 환경, 대기 시간 등 이러한 절차상에서 관리가 부적절하면 실험동물의 고통과 스트레스를 가중시킬 수 있으므로 숙련된 핸들링이 중요하다. 또한 실험이 끝난 동물이 생존할 가능성이 없으면 인도적인 살상을 시행해야 한다. 동물을 스스로 죽게 내버려 두는 것은 대개 고통을 동반하므로 연구원은 고통과 불안함을 최소화하여 죽이고, 사후 확인 절차까지 마치는 것이 필요하다.

실험동물의 복지 문제는 실험을 진행하기 전 관리도 중요한 부분이다. 실험과정은 상대적으로 짧다. 그래서 오히려 실험과정에 들어가기 전 거주하는 주거 환경과 관리가 복지에 더 큰 영향을 미칠 수 있다. 물론 주거 환경은 실험동물의 복지뿐만 아니라, 연구 결과물에도 영향을 줄 수 있다.

동물들은 본능적인 행동을 충분히 표현할 수 있는 공간과 자신이 컨트롤 할 수 있는 주거 환경을 추구한다. 과거 실험실의 토끼들은 작은 플라스틱 상자에 각각 한 마리씩 사육됐었다. 이들에게는 움직일 수 있는 공간도 부족했고, 물어뜯기와 같은 본능적인 행동을 할 수 있는 물질은 오로지 펠렛 사료밖에 없었다. 사회활동을 위한 동료를 만날 기회는 더더욱 없었다. 그러던 중 최근에는 더 넓은 공간에서 그룹으로 사육하는 것이 점점 보편화되고 있다. 실험용 생쥐들도 마찬가지로 둥지를 만들 수 있는 공간과 다양한 물질들을 제공해 주는 것이 이제는 기본적인 프로토콜이 돼가고 있다. 이러한 변화는 1990년대 이후 실험동물을 위한 풍요로운 환경 조성을 위한 노력의 결실이라고 알려져 있다. 물론 아직도 실험동물을 관리하는 방법을 변화시키는 것에 보수적인 입장도 상당히 남아있다. 그러나 동물을 연구용으로 이용할 때 공공의 이익을 위하는 것이 연구의 첫번째 목적이라고 하면, 실험에 참여한 동물들의 복지도 마땅히 존중돼야 할 것이다.

참고문헌

1. Alexandra L. Joyner. Gene Targeting: A practical approch. IRL Press at Oxfird University Press. Oxford New york Tokyo. 1992.
2. BioForm. Korean Research Institute of Bioscience and Biotechnology. 1998. March.
3. Briggs, Hilton M. 1983. International pig breed Encyclopedia. Elanco.
4. Chen L.C. 1993. Genetic engineering news. 13: 10.
5. Development of Utilization Technology for Transgenic Animals and Plants: Development of Transgenic Goats Producing Biologically Active Substances for Human. Korean Research Center of Science and Technology. 1998. Jul.
6. David Murphy and David A.Carter. Transgenesis Techniques: Principles and Protocols. Humana Press. totowa, New Jersey. 1993.
7. Farm animal behaviour and welfare. 1990. A. F. Fraser and D.M.Broom. CAB international. Oxon. U.K.
8. Livestock behaviour. A practical guide. 1984. R. Kilgow and C. Dalton. Roncon. UK.
9. Livestock husbandry techniques. 1983. J.I. McNitt. London. UK.
10. Maija, K. 1991. World animal science – Genetic resources of Pig. Sheep and goat. Elsevier.
11. Murray, J.D., Anderson, G.B., Oberbauer, A.M., and McGloughlin, M.M. Transgenic animals in agriculture. 1999. CABI Publishing. Cambridge
12. Old, R.W. and S.B.primore. 1980. principles of gene manipulation. An introduction to genetic engineering. University of California press.
13. Porter, Valerie. 1993. –pigs– A handbook to the breeds of the world. Cornell University press.
14. R. Messent. 1995. 동물대백과. 아카데미서적.

15. R.W. Old and S.B. Primore. Principles of gene manipulation: An introduction to genetic engineering. University of California Press. 1980.

16. R. W. Old and S. B. Primore. Principles of gene manipulation: An introduction to genetic engineering. Blackwell Scientific Publication. 1989.

17. Study on promotion and development of cooperative projects between life science and engineering. Korean Research Center of Science and Technology. 1998. Apr.

18. The behaviour of domestic animals. 1975. E. S. E. Hafez. Bailliere Tindall. London.

19. Time. Jan. 11. 1999.

20. 丹羽太左衛門. 1994. 養豚 Handbook. pp.1～7.

21. 가축생명공학. 축산시험장. 1993.

22. 강대진 외 25인 공저. 1991. 축산학개론. 선진문화사.

23. 강종일. 1999. 애완견의 내친구. 계백출판사.

24. 강면희 외 8인 공저. 1979. 養豚. 향문사. pp.22-23, 38-39.

25. 강민수 외 공저. 1998. 애완동물. 선진문화사.

26. 고영두 외 12인. 가축영양학. 1997. 유한문화사.

27. 곽종영 외 4인. 가축관리학. 1993. 선진문화사.

28. 권녕명 외 3인 공저. 1983. 생물학 개론. 한국방송통신대학. pp.337-340.

29. 김경남. 콜레스테롤의 새로운 탐구- 축산물과 건강. 1999. 축산기술연구소

30. 김광현, 김용수. 1998. 돼지 골격근에서 근섬유형 I, IIa, IIb 및 IId의 조직학적 분류에 관한 연구. 8th WACCP, Vol. 728-729.

31. 김우권 외 10인. 가축생리학. 1991. 아카데미서적.

32. 김형욱. 이무화, 성삼경, 축산식품가공학. 2001. 선진문화사

33. 모리요시오 공저. 1997. 애완견 가이드. 하서출판서.

34. 박상대 역. 필수 세포생물학. 2000. 교보문고

35. 박영일 외 22인 공저. 1998. 양돈학. 선진문화사 pp.29-46, 151-155.

36. 박형기, 외 공저. 식육의 과학과 이용. 1996. 선진문화사

37. 세계의 명견 "진도개"

38. 세계축산학회. 1998. 동물생명과학. 단백질 과학 전시회.

39. 송해범 외 9인 공저. 1994. 돈육생산학. 형설출판사. pp.39, 53-58.

40. 생명공학연구소. 1998. 실험동물. 생명공학연구소.
41. 양일석 외 12인. 가축생리학. 1996. 광일문화사
42. 에릭 그레이스. 생명공학이란 무엇인가. 2002. 지성사
43. 우영제. 1997. 돼지이야기. (주)양돈연구.
44. 원광식. 1997. 새로운 돼지 사육기술. pp.29-31.
45. 원병오. 1994. 천연기념물 (동물편). 대선사.
46. 유전공학 이론과 응용. 1993. 농촌진흥청 농업유전공학연구소.
47. 윤신근. 1998. 애완동물 기르기. 대원사.
48. 이병희 옮김. 1995. 애완동물 기르기. 한국어린이교육연구원.
49. 이용빈. 1979. 최신 양돈정론. 선진문화사. pp.21-23.
50. 이학철 외 8인. 육우학. 1984. 선진문화사
51. 임경순 외 10인. 포유동물 생식세포학. 2001. 서울대학교출판부.
52. 임동주. 1999. 애완동물 대백과. 마야.
53. 장경자. 균형식을 위한 동물성 식품의 영양적 가치. 2002. 한국축산식품학회 초록집
54. 조병대. 알기쉬운 축산물 등급제. 1998. 축산물 등급판정소
55. 조완규. 1981. wild, wild world of Animal. 한국일보 타임-라이프.
56. 정영철역. 1993. 세계제일의 장수촌은 오키나와. 양돈연구. pp.82-97.
57. 정영채. 동물보정학. 1976. 선진문화사
58. 지설하 외 4인. 가축사양학. 1987. 유한문화사
59. 질환모델동물연구회. 95년도 연구회 최종 활동보고서.
60. 한성욱 외 11인 공저. 1996. 가축의 품종. 선진문화사. pp.30-32, 210.
61. 한성욱 외 11인 공저. 가축의 품종. 1996. 선진문화사
62. 한인규, 맹원재. 반추동물영양학. 1986. 향문사
63. 한국자연보호협회. 1990. 국가지정 문화재 재평가 보고서.
64. 한국조류보호협회. 1995. 새를 찾아 떠나는 여행. 명자출판사.
65. 황칠성 외 공저. 축산제조학. 1982. 선진문화사
66. http://www.rosetwo.pe.kr
67. http://www.pet.neitan. com

68. http://www.siberianhusky.co.kr
69. http://www.100.empas.com
70. http://www.cef2001.com
71. http://www.kmi.or.kr
72. http://www.naver.com
73. http://www.deercamp.co.kr
74. http://www.ok1414.co.kr
75. http://www.myhome.netsgo.com
76. Animal Breeding, welfare and society. 2010. Jacky Turner. Earthscan
77. The Sciences of Animal Welfare. 2009. David J Mellor, Emily Patterson-Kane and Kevin J Stafford. Wiley-Blackwell

[식육편]

1. 농촌진흥청 (2006) 식품성분표 (육류)
2. 축산물 품질평가원(축산물등급제)https://www.ekape.or.kr/contents/list.do
3. Stevenson, K.E and Bernard, D.T. 1995. HAACP: Establishing Hazard Analaysis critical control point programs, A workshop Mannual. The Food Processors Institute. New York, Washington DC. USA. pp.2-1-2-16.
4. [사] 소비자 시민 모임. http://www.consumerskorea.org (우수축산물브랜드 인증)
5. 김윤석, 강선문, 서현우, Hoa Van Be, 김진형 (발행인 양창범); 쇠고기 건식숙성육 생산 위한 품질 및 위생관리 가이드 라인. 2018.12. pp.12-40.
6. 박형기. 2003. 식육과 건강장수. 전북대. pp.113-119.
7. 진구복. 2017. 식육·육제품의 과학과 기술[개정판] 선진문화사. pp.369, 385-386, 395.

[우유편]

1. 오세종. 발효유. In: 이수원(ed). 최신유가공학. 유한문화사. 2005. pp.187-214.
2. https://www.britannica.com/topic/churning-of-the-ocean-of-milk.
3. 이봄이. 이해창. 문용일. 오세종. Kefir 배양용 기능성 복합 Starter 개발. J. Milk Sci.

Biotechnol. 2018. 36: pp.178-185.

4. Tetra, P. Dairy processing handbook. Lund, Tetra Pak Processing Systems AB, 2010. pp.254-256.
5. 오세종. 유제품에 이용되는 주요 열처리 조건. J. Dairy Sci. Biotechnol. 2020. 38: pp.230-236.
6. 오세종. 우유, 뼈 건강을 유지하는 칼슘의 보고. In: 유과학연구회(ed). 우유한잔의 과학. ㈜드림디엔디. 2010. pp.162-191.
7. 오세종. 우유에 관한 모든 것: 1927년 발간된 자료를 바탕으로. J. Dairy Sci. Biotechnol. 2020. 38: pp.45-52.

[계란편]

황칠성, 박형기, 유제현, 한석현, 문윤희. 1997. 축산제조학, 선진문화사. pp.241-294.